姜科植物油细胞
显微拉曼光谱研究

司民真 编 著

科学出版社

北京

内 容 简 介

本书介绍了油细胞原位显微拉曼光谱技术在山姜属、豆蔻属、凹唇姜属、姜黄属、茴香砂仁属、舞花姜属、姜花属、山奈属、土田七属、姜属及未知样品油细胞检测及鉴定中的应用，通过对姜科植物中的精油主要成分进行研究，获得了植物油细胞的拉曼光谱，并通过拉曼光谱分析，给出了姜科植物油细胞的主成分。

本书可供药学专业、药用植物专业、农学和生物相关专业的师生参考，也可为从事拉曼光谱或红外光谱研究、香料研究，以及药物开发研究的人员提供参考。

图书在版编目（CIP）数据

姜科植物油细胞显微拉曼光谱研究 / 司民真编著. —北京：科学出版社，2020.12

ISBN 978-7-03-067258-2

Ⅰ.①姜… Ⅱ.①司… Ⅲ.①姜科－细胞－电子显微镜－拉曼光谱－研究 Ⅳ.①Q949.71

中国版本图书馆CIP数据核字（2020）第252905号

责任编辑：马晓伟 / 责任校对：张小霞
责任印制：李 彤 / 封面设计：吴朝洪

科 学 出 版 社 出版

北京东黄城根北街 16 号
邮政编码：100717
http://www.sciencep.com

北京建宏印刷有限公司 印刷

科学出版社发行 各地新华书店经销

*

2020 年 12 月第 一 版 开本：787×1092 1/16
2020 年 12 月第一次印刷 印张：11 1/4
字数：255 000

定价：108.00 元
（如有印装质量问题，我社负责调换）

前　言

　　姜科（Zingiberaceae）植物是单子叶植物姜目的一个科，目前已发现50属，1500种。目前我国发现的姜科植物有21属，210种，5个变种，主要分布在南方各地。姜科植物是多年生草本，有广泛的应用和开发价值，有些品种属于重要药用植物，如姜、砂仁、益智、草果、白豆蔻、莪术、郁金等；有些也可作为香料植物，用于提取香料或精油，如春砂仁、草果、白豆蔻；有些品种如姜黄，可提取植物食用色素，用于食品工业；有些品种株形优美、花艳丽、清香袭人，可作盆栽，布置于庭园内供观赏或用于鲜切花，如姜花、海南三七、闭鞘姜等；有些品种是重要的调味料，如姜、草果；还有些品种则可同时用于制作调味品、药物和香料，如姜、砂仁、草果。姜科植物精油具有抗菌、抗病毒，防腐，促进血液循环，缓解焦虑、疼痛，帮助消化，增强人体免疫功能等作用。对姜科植物精油成分的深入研究不仅具有学术价值，同时对扩大其应用范围，进一步深度开发和利用这一宝贵的自然资源，提高其经济价值都具有重要意义。

　　我国姜科植物学的研究在国际上具有重要的地位。20世纪80年代初，吴德邻教授领衔编撰的《中国植物志》（姜科植物分册）完成出版，同样由其领衔编撰的《中国姜科植物资源》于2016年出版。中国科学院西双版纳热带植物园的创始人蔡希陶教授从20世纪60年代即开始姜科植物研究，并负责《云南植物志》中姜科植物部分的撰写工作。姜科植物具有重要的经济价值和开发潜力，但真正了解姜科植物的人并不多，对其中精油的化学成分进行系统深入研究者更少。

　　针对姜科植物挥发性物质的研究，通常是提取挥发油并分离和纯化后，采用气相色谱-质谱联用（GC-MS）方法进行分析。前期挥发油的提取方法有很多，如水蒸气蒸馏法、溶剂提取法、顶空-微萃取法等，提取得到的挥发油（也称精油）经过分离和纯化后，再对其成分进行分析，提取过程中需要使用有机溶剂，并在较高的温度下实现分离和测量，对挥发油主成分中的热敏分子结构和生物活性具有一定的影响。鉴于此，目前不同研究人员对同一种香料成分的研究结果存在明显差异。

　　基于这一认识，笔者团队在开展前期研究的基础上，于2013年申请了国家自然科学基金项目"基于顶空及SERS结合的新鲜植物挥发性气体研究"（No. 11364001）。笔者团队奔赴全国各地采集样本，进行姜科植物油细胞的原位显微拉曼光谱研究，共研究姜科植物63种。通过对这些研究成果进行分析整理，编著了本书。为便于感兴趣的读者开展深入研究，书中给出了每种植物油细胞的拉曼图谱，并详细地标注了峰的位置，通过对拉曼图谱的分析得出油细胞中的主要成分，但由于框图的限制，未标出所有的峰。

　　传统植物分类方法通常是根据植物的花、叶、果、茎、根等的形态特征对植物进行分类，但由于受采集季节影响，并非所有采集的标本都能同时满足要求。笔者在研究姜科植物的过程中发现植物油细胞中的精油成分谱图有其特殊性，因此将采集到的部分姜科植物样品的谱图与自己建立的姜科植物油细胞拉曼图库进行比对，根据图谱的匹配度，对未知姜科植物样品进行了分类尝试。

在完成课题"基于顶空及SERS结合的新鲜植物挥发性气体研究"及本书的编写过程中，中国科学院西双版纳热带植物园、马关县草果研究所为采集样品提供了方便，昆明德馨香水博物馆提供了部分标样，在此表示感谢。课题组成员张德清老师进行了本书全部的计算工作，李伦、张川云老师进行了部分样品的测试工作，杨永安、李家旺等老师参与了部分样品的采集工作，陈文清、彭艳梅两位教授利用到德宏出差的机会，帮忙采集了部分样品，在此对于他们的付出，表示感谢。

本书所呈献的是笔者团队近七年来对姜科植物的研究成果，既适合药学专业、药用植物专业、农学和生物相关专业的师生阅读和参考，也适合从事拉曼光谱或红外光谱研究、香料研究，以及药物开发研究的人员阅读。同时，也非常希望有更多的研究人员加入到姜科植物的研究中，通过多学科、多种技术手段，扩大姜科植物研究的深度和广度，使这一宝贵资源能更好地应用于人们的生活。

由于时间和条件有限，本书未能对国内所有的姜科植物进行介绍，只选择了其中有代表性的姜科植物，同时由于水平有限，文中疏漏之处在所难免，不当之处还望业界同仁批评指正。

司民真

2020年6月于云南省楚雄市

目　　录

绪　论

　　香料植物又称芳香植物，是经济植物中一类含有香韵和有重要用途的植物。精油在化学及医药学上称为挥发油，在商业上称为芳香油，它们是香料植物代谢过程中的重要次生物质。各种香料植物的精油含有不同成分和独特的香韵，具有多种生物活性，并且无毒副作用，因而被广泛应用于医疗保健、食品工业、化妆品、农业等多个领域。

　　姜科植物是一类重要的香料植物，其根、茎、叶、花、果大都含有油细胞，油细胞为一种异细胞，属于分泌细胞，是产生和储存精油的主要场所。关于姜科植物精油的研究已有很多的报道，大多是采取气相色谱-质谱联用（GC-MS）法，该方法可以对样品中全部或指定成分做定性和定量分析，是一种有效确定化合物分子结构的方法，并且具有高灵敏度的特点。然而，该方法所需要的前期样品的制备时间较长，且费用高，其流程为微萃取—气相色谱柱分离—质谱仪定性或定量，其中在进行气相色谱分离时需要在较高的温度下进行，可能会导致一些热敏分子结构和生物活性的改变。而且，同一植物精油，提取方法不同还会导致所得到的植物精油主要成分发生变化。例如，蔡明招等用超临界 CO_2 萃取 GC-MS 联用，分析产自广东梅县大高良姜精油的成分，表明其主要成分为 1'-乙酰氧基胡椒酚乙酸酯，并占总挥发油的95.3%；而秦华珍等用水蒸气蒸馏法提取挥发油，GC-MS 联用分析采自广西上思十万大山大高良姜精油的成分，得出其主要成分为 1,8-桉油精，占总挥发油的29.93%。为此，需要寻找一种不用提取，在常温下就能对精油成分进行研究的方法，即一种快速、廉价，且不改变生物活性分子结构的分析方法。油细胞原位显微拉曼光谱技术就是满足这一要求的方法。

　　油细胞原位显微拉曼光谱技术的具体操作方法：将植物样品用双面刀片徒手切片，然后将刀片放在盛有去离子水的培养皿中稍一晃动，使切片漂浮于水中。当切到一定数量后，用毛笔在培养皿内挑选透明的薄片，以水封片后置于 DXR 激光共焦显微拉曼光谱仪（DXR Raman microscope）的显微镜下，寻找油细胞，进行拉曼光谱的测量，测量激发波长为785nm，油细胞测定功率为 $2 \sim 15$ mW，对不同的样品选择不同的曝光时间、不同的曝光次数，目镜、物镜倍数各为 $10 \times$。

　　油细胞原位显微拉曼光谱技术的特点是快速，可在活细胞中直接测量，在不破坏细胞结构和挥发油分子结构的情况下可直接获得植物油细胞拉曼光谱图，获取姜科植物油细胞中挥发性成分的信息。由于姜科植物大都可提取精油，具有油细胞，用此方法可对姜科植物油细胞中的精油主要成分进行分析，通过拉曼光谱研究，给出姜科植物的各主要挥发性成分信息。该方法在快速、经济、无损检测植物挥发油方面较传统的色谱等方法具有明显的优势。

我们用此方法对采集到的10属62种姜科植物油细胞中的精油主要成分进行了研究，获得了62种植物油细胞的拉曼光谱，并通过拉曼光谱对其主成分进行了研究，给出了姜科植物油细胞中的主成分。例如，在对红豆蔻及节鞭山姜的研究中，我们得出的主成分是1′-乙酰氧基胡椒酚乙酸酯（ACA），这与用水蒸气蒸馏法提取挥发油，GC-MS联用得到的主要成分为1,8-桉油精不同，其原因是ACA中的烯丙基乙酸结构使其在水溶液中不稳定，可发生水解反应和其他反应，所以用水蒸气蒸馏大高良姜得不到ACA，当然用水蒸气蒸馏节鞭山姜也得不到ACA。对不同产地草果果仁的研究表明：不论产地如何，其主要挥发物是一样的，都为［E］2-癸烯醛、1,8-桉油精、香叶醇、α-水芹烯、番红花酸，但不同产地的草果果仁主要挥发物的相对含量不一样。

传统植物形态学分类通常是根据植物的花、叶、果、茎、根等进行分类判定。在本书的第十一章，我们将63种姜科油细胞的拉曼光谱以300～1800cm^{-1}为检索范围，建立了姜科植物油细胞拉曼光谱库，并尝试将采集到的部分姜科植物样品（即没有同时采集到花、叶、果、茎、根的样品）的拉曼光谱与库中的拉曼光谱进行比较，根据图谱的匹配度，通过分析得出未知样品的种类。

姜科植物多数可用作香料或中药，通过本书中的研究结果，将其与现有中草药成分结果对比，可以揭示姜科植物在经过干燥、加热、水煎后成分的变化，为进行中草药成分研究、香料研究的人员提供了一种新的思路。同时，也可为香料研究人员对姜科植物中香料成分的提取工艺选择提供有益的参考。

此外，并非所有生物成分都具有拉曼活性，因此如果本书的原位拉曼光谱法研究结果与红外光谱法、GC-MS联用技术的研究结果相互印证，可进一步促进生物活性成分的研究，同时可以极大地促进药物成分研究和香料植物的开发利用。

第1章

山 姜 属
Alpinia Roxb.

山姜属植物大约有230种，分布于亚洲热带地区，我国有54种，分布于东南部至西南部，根状茎及种子团大都可供药用，花艳丽，可布置于庭院供观赏。

1.1 云南草蔻

Alpinia blepharocalyx K. Schum

云南草蔻产于云南、广西、广东，印度、缅甸、泰国和越南亦有分布。其种子团有燥湿、祛痰、暖胃、健胃的功效。药理实验表明其有抗血小板聚集、抗肿瘤的作用。

笔者实验室所用的云南草蔻为2015年8月采于西双版纳，图1.1A、B分别是显微镜下的云南草蔻根状茎及种子油细胞，在对应油细胞上获得的拉曼光谱见图1.2、图1.3。

图1.2中出现了β-蒎烯（β-pinene）的特征峰，以β-蒎烯/油细胞为序进行归属：1644/1638cm^{-1}（C＝C伸缩振动）、1447/1449cm^{-1}（CH$_3$/CH$_2$弯曲振动）、645/649 cm^{-1}（环变形振动）。

图1.3中出现了α-蒎烯（α-pinene）的特征峰，以α-蒎烯/油细胞为序进行归属：1662/1640cm^{-1}（重叠）（C＝C伸缩振动），667/662cm^{-1}（环变形振动）。

图1.2、图1.3中还出现了二十碳五烯酸（5,8,11,14,17-eicosapentaenoic acid）的强峰，以二十碳五烯酸/油细胞为序为对其进行归属：1563/1556/1559cm^{-1}（O＝C—O反对称伸缩振动）。

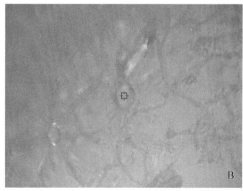

图1.1　显微镜下的云南草蔻油细胞

A. 根状茎；B. 种子

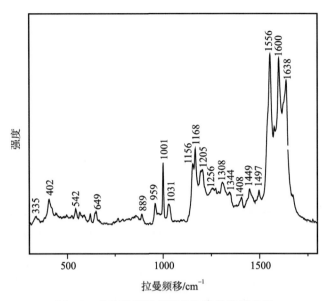

图1.2　云南草蔻根状茎油细胞的拉曼光谱

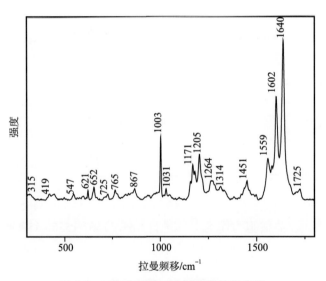

图1.3　云南草蔻种子油细胞的拉曼光谱

图1.4是云南草蔻根状茎油细胞、云南草蔻种子油细胞及肉桂酸甲酯（methyl cinnamate，CAS号：103-26-4）的拉曼光谱的对比图。

从图1.4可见，云南草蔻根状茎及种子中都出现了肉桂酸甲酯拉曼峰，以肉桂酸甲酯/根状茎油细胞/种子油细胞为序，对其主要的拉曼谱峰进行初步的归属：1717/-/1725cm⁻¹、1638/1638/1640cm⁻¹（C=C及C=O伸缩振动）；1598/1600/1602cm⁻¹（环的C=C伸缩振动及C—H摇摆振动）；1496/1497/1496cm⁻¹、1452/1449/1451cm⁻¹、1408/1408/-cm⁻¹、871/889/867cm⁻¹（C—H摇摆振动）；1331/1344/-cm⁻¹、1000/1001/1003cm⁻¹、507/496/497cm⁻¹（环的变形振动）；1202/1205/1205cm⁻¹（CH₂摇摆振动）；1183/1196/1182cm⁻¹（C—H摇摆振动及C—O—C伸缩振动）；1169/1168/1171cm⁻¹（CH₂扭曲振动）；1015/-/-cm⁻¹

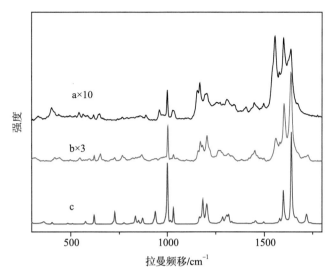

图1.4 云南草蔻根状茎油细胞（a）、云南草蔻种子油细胞（b）及肉桂酸甲酯（c）的拉曼光谱

×10，表示强度增大10倍；×3，表示强度增大3倍

（C—O及C—C伸缩振动）；935/-/937cm^{-1}（C—O伸缩振动及C—C—C的弯曲振动）；1030/1031/1031cm^{-1}、833/-/-cm^{-1}、620/619/621cm^{-1}、576/564/567cm^{-1}（环呼吸振动）；726/-/725cm^{-1}（环伞形振动）；226/-/-cm^{-1}（骨架振动）。

通过以上分析可见，云南草蔻根状茎及种子油细胞的主要成分为肉桂酸甲酯和二十碳五烯酸，根状茎中除肉桂酸甲酯和二十碳五烯酸外还有β-蒎烯，种子中除肉桂酸甲酯和二十碳五烯酸外还有α-蒎烯。

纳智利用GC-MS联用技术从云南草蔻根状茎挥发油中鉴定出34个成分，其含量占挥发油总量的99.30%，其中肉桂酸甲酯占挥发油总量的90.88%。

1.2 光叶云南草蔻

Alpinia blepharocalyx. var. glabrior

光叶云南草蔻产于我国云南、广西、广东，越南、泰国亦有分布，是云南草蔻的变种，与云南草蔻具有相同的药效。

笔者实验室所用光叶云南草蔻为2015年8月采于西双版纳，图1.5是显微镜下的光叶云南草蔻根状茎油细胞，在该油细胞上获得的拉曼光谱见图1.6。

图1.6中出现了β-蒎烯的特征峰，以β-蒎烯/油细胞为序进行归属：1644/1634cm^{-1}（C＝C伸缩振动）、1447/1449cm^{-1}（CH$_3$/CH$_2$弯曲振动）、645/649cm^{-1}（环变形振动）。还出现了二十碳五烯酸的强峰，以二十碳五烯酸/油细胞为序对其进行归属：1563/1560cm^{-1}（O＝C—O反对称伸缩振动）。

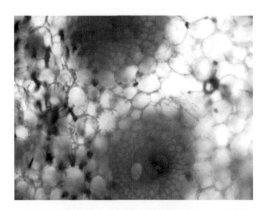

图1.5 显微镜下的光叶云南草蔻根状茎油细胞

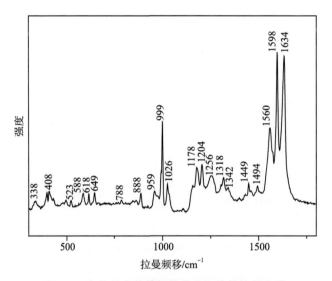

图1.6 光叶云南草蔻根状茎油细胞的拉曼光谱

图1.7是光叶云南草蔻根状茎油细胞与肉桂酸甲酯拉曼光谱的对比图。

从图1.7中可见，光叶云南草蔻根状茎油细胞中出现了肉桂酸甲酯的特征峰，以肉桂酸甲酯/油细胞为序进行归属：1717/-cm^{-1}、1640/1634cm^{-1}（C＝C及C＝O伸缩振动）；1598/1598cm^{-1}（环的C＝C伸缩振动及C—H摇摆振动）；1496/1494cm^{-1}、1452/1449cm^{-1}、1408/1400cm^{-1}、871/888cm^{-1}（C—H摇摆振动）；1331/1318cm^{-1}、1000/999cm^{-1}、620/618cm^{-1}、507/495cm^{-1}（环变形振动）；1202/1204cm^{-1}（CH$_2$摇摆振动）；1183/1178cm^{-1}（C—H摇摆振动及C—O—C伸缩振动）；1169/1158 cm^{-1}（CH$_2$扭曲振动）；1015/-cm^{-1}（C—O及C—C伸缩振动）；935/936cm^{-1}（C—O伸缩振动及C—C—C弯曲振动）；1030/1026cm^{-1}、833/-cm^{-1}、576/588cm^{-1}（环呼吸振动）；726/721cm^{-1}（环伞形振动）；226/-cm^{-1}（骨架振动）。

可见，光叶云南草蔻油细胞的主要成分为肉桂酸甲酯、β-蒎烯、二十碳五烯酸。

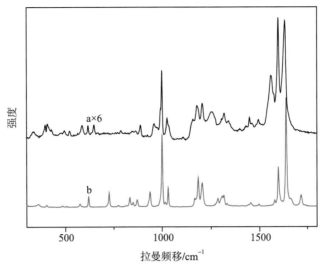

图1.7 光叶云南草蔻根状茎油细胞（a）和肉桂酸甲酯（b）的拉曼光谱

×6，表示强度增大6倍

1.3 靖西山姜

Alpinia chinghsiensis D. Fang

靖西山姜产于广西，生于山坡林下，海拔1400～1500米处。

笔者实验室所用靖西山姜为2019年7月采于云南省文山州西畴县，图1.8是靖西山姜根状茎的油细胞，图1.9是在该油细胞上获得的拉曼光谱图，图1.10是靖西山姜根状茎油细胞与甲氧基肉桂酸乙酯（4-methoxycinnamic acid ethyl ester，CAS号：1929-30-2）标样的拉曼光谱。

图1.9中出现了香芹酚（carvacrol）的特征拉曼谱峰，以香芹酚/靖西山姜油细胞为序对谱峰位置相近的峰进行归属：1623/1624cm^{-1}（C＝C伸缩振动），1460/1460cm^{-1}（CH$_3$/CH$_2$弯曲振动），760/764cm^{-1}（环变形振动）。还出现了二十碳五烯酸的强峰，以二十碳五烯酸靖西山姜油细胞为序对其进行归属：1563/1557cm^{-1}（O＝C—O反对称伸缩振动）。

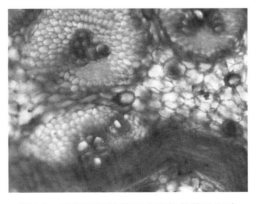

图1.8 显微镜下的靖西山姜根状茎油细胞

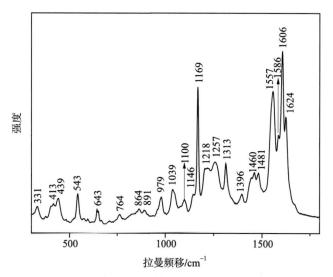

图1.9　靖西山姜根状茎油细胞的拉曼光谱

比较图1.10中的a、b谱线可见，a谱线中出现了甲氧基肉桂酸乙酯的谱峰，以甲氧基肉桂酸乙酯/靖西山姜油细胞为序对出现的谱峰进行归属：1632/1624cm⁻¹（C＝C伸缩振动），1600/1606cm⁻¹（环伸缩振动），1572/1586cm⁻¹（环伸缩振动），1313/1313cm⁻¹（C—H摇摆振动），1249/1257cm⁻¹（C—O伸缩振动），1207/1218cm⁻¹（C—H摇摆振动），1171/1169cm⁻¹（C—H摇摆振动），1116/1100cm⁻¹（CH_3摇摆振动），866/864cm⁻¹（CH_3、C—O摇摆振动及环呼吸振动），779/764cm⁻¹（环呼吸振动及C—C＝C弯曲振动），636/643cm⁻¹（环变形振动），550/543cm⁻¹（环呼吸振动及C—O—C弯曲振动），380/374cm⁻¹（O—C—C弯曲振动）。

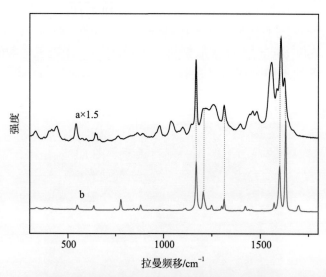

图1.10　靖西山姜根状茎油细胞（a）和甲氧基肉桂酸乙酯（b）的拉曼光谱

×1.5，表示强度增大1.5倍

可见靖西山姜根状茎油细胞主要成分为甲氧基肉桂酸乙酯、香芹酚、二十碳五烯酸。

图1.11是靖西山姜种子油细胞，图1.12是与图1.11对应的拉曼光谱。

图1.11　显微镜下的靖西山姜种子油细胞

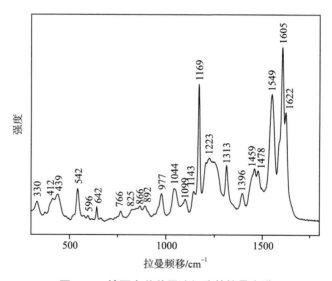

图1.12　靖西山姜种子油细胞的拉曼光谱

比较可见，图1.12的拉曼光谱与图1.9基本相同，图1.13给出两者的比较。

从图1.13可见靖西山姜种子和根状茎油细胞的拉曼光谱基本一致，故种子油细胞的主要成分与根状茎中一样，为甲氧基肉桂酸乙酯、香芹酚、二十碳五烯酸。

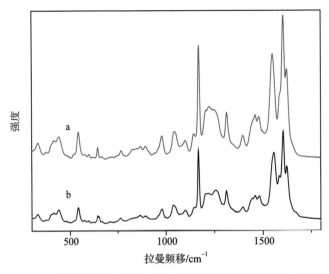

图1.13　靖西山姜油细胞种子（a）和根状茎（b）的拉曼光谱

1.4　节鞭山姜

Alpinia conchigera Griff.

节鞭山姜产于云南（勐腊、勐养、沧源），南亚至东南亚亦有分布。其根状茎用于治疗毒蛇咬伤及制作香料，果用于治疗胃寒腹痛、食滞。药理实验表明节鞭山姜有抗炎、抗肿瘤、抗溃疡的作用。

节鞭山姜的果实称为云南红豆蔻，和红豆蔻果实药用作用相似，都含有活性成分1′-乙酰氧基胡椒酚乙酸酯（ACA）和1′-乙酰氧丁香酚乙酸酯。对其挥发油及乙醚提取物的研究表明，两者成分近似。那么根状茎两者的挥发油成分是否也近似呢？

笔者实验室所用节鞭山姜为2015年8月采于西双版纳，图1.14是显微镜下的节鞭山姜根状茎油细胞，在该油细胞上获得的拉曼光谱图见图1.15。

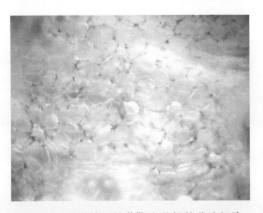

图1.14　显微镜下的节鞭山姜根状茎油细胞

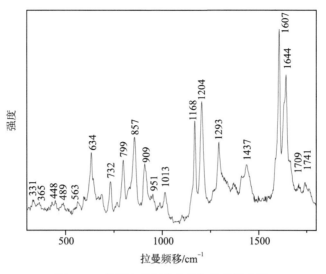

图1.15 节鞭山姜根状茎油细胞拉曼光谱

图1.16是节鞭山姜根状茎油细胞与ACA（CAS号：52946-22-2）的对比图。从图中可见，两者峰的形状及峰位都非常相似，按ACA/根状茎油细胞为序对振动峰进行归属：1750/1762cm⁻¹、1727/1741cm⁻¹（C=O伸缩振动）；1645/1644cm⁻¹（C=C伸缩振动）；1604/1607cm⁻¹（环的C=C伸缩振动）；1374/1372cm⁻¹（CH₃弯曲振动）；1294/1293cm⁻¹、855/857cm⁻¹（C—H摇摆振动）；1201/1204cm⁻¹、919/909cm⁻¹（C—C伸缩振动及C—H摇摆振动）；1167/1168cm⁻¹（C—C及C—H摇摆振动）；1007/1013cm⁻¹（CH₂剪切振动及C—H摇摆振动）；791/799cm⁻¹（C—C、C—O伸缩振动及CH₂摇摆振动）；631/634cm⁻¹（苯环的面内折叠振动）；595/595cm⁻¹（CH₂及C—H摇摆振动）。

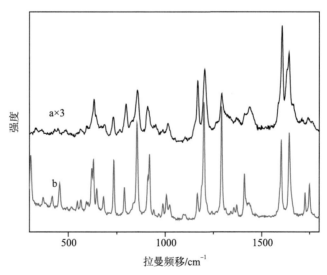

图1.16 节鞭山姜根状茎油细胞（a）和1′-乙酰氧基胡椒酚乙酸酯（b）的拉曼光谱

×3，表示强度增大3倍

可见节鞭山姜根状茎油细胞的主要成分是ACA。

1.5 美山姜

Alpinia formosana K. Schum

美山姜产自我国台湾，琉球群岛亦有分布。

笔者实验室所用美山姜为2015年8月采于西双版纳，图1.17是显微镜下的美山姜根状茎油细胞，图1.18是在该油细胞上获得的拉曼光谱图。

图1.18出现了二十碳五烯酸的强峰，以二十碳五烯酸/油细胞为序对其进行归属：$1563/1555cm^{-1}$（O＝C—O反对称伸缩振动）。还出现了β-蒎烯的特征峰，以β-蒎烯/油细胞为序：$1644/1641cm^{-1}$（C＝C伸缩振动），$1447/1448cm^{-1}$（CH_3/CH_2弯曲振动），$645/648cm^{-1}$（环变形振动）。

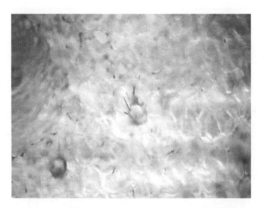

图1.17　显微镜下的美山姜根状茎油细胞

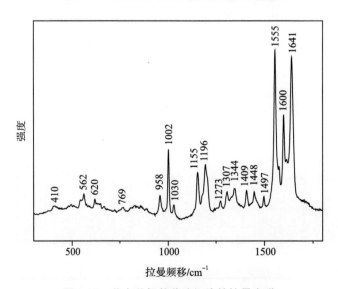

图1.18　美山姜根状茎油细胞的拉曼光谱

图1.19为美山姜根状茎油细胞拉曼光谱与肉桂酸甲酯拉曼光谱的对比图，对比a、b，可见a中出现了肉桂酸甲酯的特征峰，以肉桂酸甲酯/美山姜为序进行归属：$1717/-cm^{-1}$，$1640/1641cm^{-1}$（C＝C及C＝O伸缩振动）；$1598/1600cm^{-1}$（环的C＝C伸缩振动及C—H

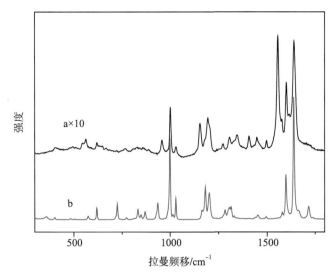

图1.19 美山姜根状茎油细胞（a）和肉桂酸甲酯（b）的拉曼光谱

×10，表示强度增大10倍

摇摆振动）；1496/1497cm^{-1}、1452/1448cm^{-1}、1408/1409cm^{-1}、871/-cm^{-1}（C—H摇摆振动）；1331/1344cm^{-1}、1000/1002cm^{-1}、620/620cm^{-1}、507/495cm^{-1}（环变形振动）；1202/-cm^{-1}（CH$_2$摇摆振动）；1183/1196cm^{-1}（C—H摇摆振动及C—O—C伸缩振动）；1169/1155cm^{-1}（CH$_2$扭曲振动）；1015/-cm^{-1}（C—O及C—C伸缩振动）；935/-cm^{-1}（C—O伸缩振动及C—C—C的弯曲振动）；1030/1030cm^{-1}、833/838cm^{-1}、576/562 cm^{-1}（环呼吸振动）；726/-cm^{-1}（环伞形振动）；226/-cm^{-1}（骨架振动）。

因此，美山姜根状茎油细胞的主要成分为肉桂酸甲酯、二十碳五烯酸、β-蒎烯。

1.6 红豆蔻

Alpinia galanga（Linnaeus.）Willdenow

红豆蔻产于我国福建、台湾、广东、海南、广西、贵州、云南、四川，在亚洲热带地区广范分布。药用有散寒、暖胃、止痛的功效，果实药用有燥湿散寒、健胃消食的功效。药理实验表明其有调节免疫、祛痰、抗溃疡、兴奋平滑肌、抗微生物、抗肿瘤等作用。

笔者实验室所用红豆蔻为2017年8月采于西双版纳，图1.20是显微镜下的红豆蔻种子油细胞，在该油细胞上获得的拉曼光谱图见图1.21，图1.22是显微镜下的红豆蔻根状茎油细胞，图1.23是与之对应的拉曼光谱。

比较图1.21及图1.23，从峰的形状及峰位来看两者非常相似。图1.21中出现了1,8-桉油精的特征峰（653cm^{-1}处）。

图1.20　显微镜下的红豆蔻种子油细胞

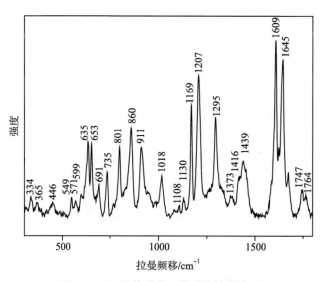

图1.21　红豆蔻种子油细胞的拉曼光谱

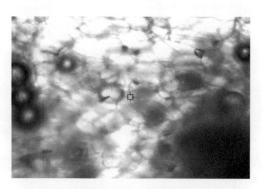

图1.22　显微镜下的红豆蔻根状茎油细胞

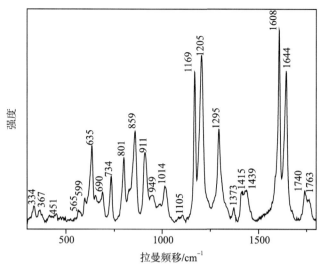

图1.23 红豆蔻根状茎油细胞的拉曼光谱

图1.24为红豆蔻种子油细胞、红豆蔻根状茎油细胞与标样ACA的拉曼光谱的对比图。

比较图1.24中的a、b、c谱线可见,从峰的形状及峰位来看三者都非常相似。按ACA/红豆蔻种子/红豆蔻根状茎顺序对振动峰进行归属:1750/1764/1763cm⁻¹、1727/1743/1740cm⁻¹(C=O伸缩振动);1645/1644/1645cm⁻¹(C=C伸缩振动);1604/1609/1608cm⁻¹(环的C=C伸缩振动);1374/1373/1373cm⁻¹(CH₃弯曲振动);1294/1295/1295cm⁻¹、855/860/859cm⁻¹(C—H摇摆振动);1201/1207/1205cm⁻¹、919/911/911cm⁻¹(C—C伸缩及C—H摇摆振动);1167/1169/1169cm⁻¹(C—C及C—H摇摆振动);1007/1018/1014cm⁻¹(CH₂剪切振动及C—H摇摆振动);791/801/801cm⁻¹(C—C、C—O伸缩振动及CH₂

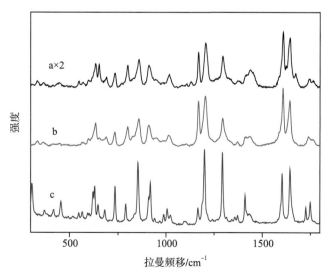

图1.24 红豆蔻种子油细胞(a)、根状茎油细胞(b)和ACA(c)的拉曼光谱

×2,表示强度增大2倍

摇摆振动）；631/635/635cm⁻¹（苯环的面内折叠振动）；595/599/599cm⁻¹（CH₂及C—H摇摆振动）。

可见红豆蔻根状茎及种子油细胞的主要成分都有ACA，种子中还有1,8-桉油精。

蔡明招等用超临界CO₂萃取GC-MS联用，分析产自广东梅县大高良姜（红豆蔻）精油的成分，表明其主要成分为ACA，并且占总挥发油的95.3%。

为考察不同产地的红豆蔻油细胞是否具有相同的拉曼光谱，笔者实验室获得了样品a（2017年8月采集于云南西双版纳）、样品b（2018年5月采集于广东茂名）、样品c（2018年5月采集于广西防城）根状茎的油细胞拉曼光谱，见图1.25。

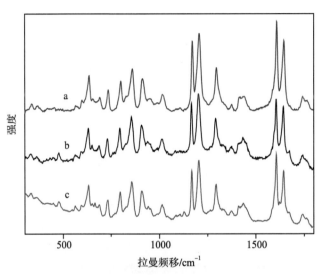

图1.25　不同产地红豆蔻根状茎油细胞的拉曼光谱
a.云南西双版纳；b.广东茂名；c.广西防城

从图1.25可见，不同产地油细胞的拉曼光谱峰位和峰的形状都相同，由此可得出红豆蔻油细胞的主要成分为ACA，与产地无关。

1.7　长柄山姜

Alpinia kwangsiensis T. L. Wu & Senjen

长柄山姜产于广东、广西、贵州、云南。其根状茎、果实药用可治疗脘腹冷痛、呃逆、寒湿吐泻。

笔者实验室所用长柄山姜为2015年8月采于西双版纳，图1.26是显微镜下的长柄山姜油细胞，在该油细胞上获得的拉曼光谱图见图1.27。

在图1.27中出现了β-蒎烯的特征峰，以β-蒎烯/油细胞为序：1644/1638cm⁻¹（C═C伸缩振动），1447/1450cm⁻¹（CH₃/CH₂弯曲振动），645/644cm⁻¹（环变形振动）。

在图1.27中还出现了二十碳五烯酸的强峰，以二十碳五烯酸、油细胞为序对其进行归属：1563/1556cm⁻¹（O═C—O反对称伸缩振动）。

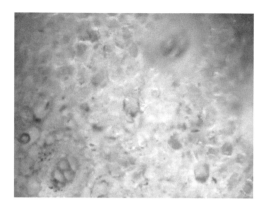

图 1.26　显微镜下的长柄山姜油细胞

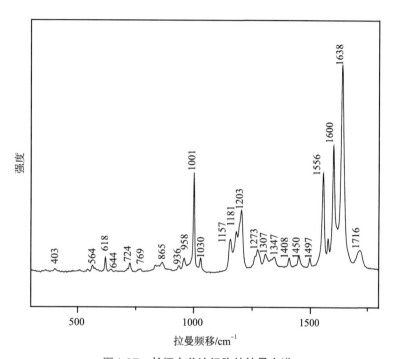

图 1.27　长柄山姜油细胞的拉曼光谱

　　图1.28是长柄山姜根状茎油细胞与标样肉桂酸甲酯的拉曼光谱对比图，比较a、b谱线可见，a谱线中出现了肉桂酸甲酯的特征峰。

　　以肉桂酸甲酯/油细胞为序，对其主要的拉曼谱峰进行初步的归属：1717/1716cm^{-1}、1640/1638cm^{-1}（C＝C及C＝O伸缩振动）；1598/1600cm^{-1}（环的C＝C伸缩振动及C—H摇摆振动）；1496/1497cm^{-1}、1452/1450cm^{-1}、1408/1408cm^{-1}、871/865cm^{-1}（C—H摇摆振动）；1331/1347cm^{-1}、1000/1001cm^{-1}、620/618cm^{-1}、507/507cm^{-1}（环变形振动）；1202/1203cm^{-1}（CH$_2$摇摆振动）；1183/1181cm^{-1}（C—H摇摆振动及C—O—C伸缩振动）；1169/1157cm^{-1}（CH$_2$扭曲振动）；1015/-cm^{-1}（C—O及C—C伸缩振动）；935/936cm^{-1}（C—O伸缩振动及C—C—C的弯曲振动）；1030/1030cm^{-1}、833/834cm^{-1}、576/564cm^{-1}（环呼吸振动）；726/724cm^{-1}（环伞形振动）；226/218cm^{-1}（骨架振动）。

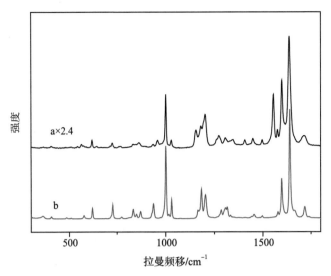

图1.28　长柄山姜根状茎油细胞（a）和肉桂酸甲酯（b）的拉曼光谱

×2.4，表示强度增大2.4倍

可见，长柄山姜根状茎油细胞的主要成分为肉桂酸甲酯、β-蒎烯、二十碳五烯酸。

纳智利用GC-MS联用技术从长柄山姜挥发油中已鉴定出31种成分的含量，占挥发油总量的99.59%，其中肉桂酸甲酯占挥发油总量的94.54%。

1.8　黑果山姜

Alpinia nigra（Gaertn.）Burtt

黑果山姜产于我国云南南部；不丹、泰国、斯里兰卡亦有分布。其根状茎药用有行气、解毒的功效，用于食滞、虫蛇咬伤。

笔者实验室所用黑果山姜种子为2017年8月采于西双版纳，图1.29为显微镜下黑果山姜种子的油细胞，在该油细胞上获得的拉曼光谱见图1.30。

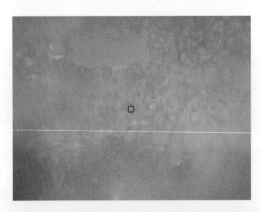

图1.29　显微镜下的黑果山姜种子油细胞

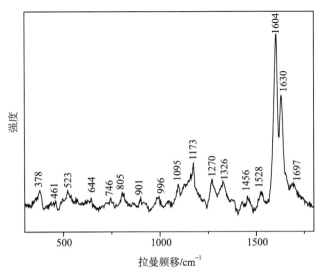

图 1.30　黑果山姜种子油细胞的拉曼光谱

图 1.30 中出现了如下几种特征峰。

（1）4-烯丙基苯甲醚（4-allyl anisole）的特征峰，以 4-烯丙基苯甲醚/油细胞为序进行归属：1640/1630cm^{-1}（C＝C 伸缩振动），1610/1604cm^{-1}（C＝C 伸缩振动），1179/1173cm^{-1}（C—H 摇摆振动），1299/1301cm^{-1}（环的变形振动及 C—H 摇摆振动），914/914cm^{-1}（CH$_2$ 及 C—H 摇摆振动）。

（2）γ-松油烯（γ-terpinene）的特征峰（见附录 1），以 γ-松油烯/黑果山姜种子油细胞为序进行归属：1701/1697cm^{-1}（C＝C 伸缩振动）；1448/1440cm^{-1}、1426/1429cm^{-1}（CH$_2$ 剪切振动）；1160/1159cm^{-1}（C—C 伸缩振动及 C—H 摇摆振动）；756/758cm^{-1}（环呼吸振动）。

（3）甲氧基肉桂酸乙酯的特征峰，以甲氧基肉桂酸乙酯/油细胞为序进行归属：1699/1697cm^{-1}（C＝O 伸缩振动），1631/1630cm^{-1}（C＝C 伸缩振动），1600/1604cm^{-1}（环伸缩振动），1423/1429cm^{-1}（环的 C—H 摇摆振动），1313/1312cm^{-1}（C—H 摇摆振动），1301/1301cm^{-1}（C—H 摇摆振动），1249/1252cm^{-1}（C—O 伸缩振动），1207/1206cm^{-1}（C—H 摇摆振动），1171/1173cm^{-1}（C—H 摇摆振动），1116/1119cm^{-1}（CH$_3$ 摇摆振动），866/860cm^{-1}（CH$_3$、C—O 摇摆振动及环呼吸振动），847/846cm^{-1}（C—H 摇摆振动），779/773cm^{-1}（环呼吸振动及 C—C＝C 弯曲振动），636/632cm^{-1}（环变形振动），550/548cm^{-1}（环呼吸振动及 C—O—C 弯曲振动），380/378 cm^{-1}（O—C—C 弯曲振动）。

（4）香芹酚的特征峰，以香芹酚/油细胞为序对谱峰位置相近的峰进行归属：1623/1630cm^{-1}（C＝C 伸缩振动），1460/1456cm^{-1}（CH$_3$/CH$_2$ 弯曲振动），760/758cm^{-1}（环变形振动）。

从上面分析可见，黑果山姜种子油细胞的主要成分为 4-烯丙基苯甲醚、γ-松油烯、甲氧基肉桂酸乙酯、香芹酚。

1.9　益智

Alpinia oxyphylla Miq.

益智主产于海南，广东、广西、福建亦有栽培。其果实药用有暖胃温脾、摄唾液、暖肾固精、缩小便的功效。药理实验表明其有镇静、镇痛、抗过敏、强心、扩张血管、止泻、抗溃疡、抗肿瘤、延缓衰老等作用。

笔者实验室所用益智仁为2018年5月采于广东省高州市，在同一切片上的益智仁的油细胞A、B中获得了两种明显不同的拉曼光谱。

图1.31显示了显微镜下益智仁油细胞A，在该油细胞上获得的拉曼光谱见图1.32。

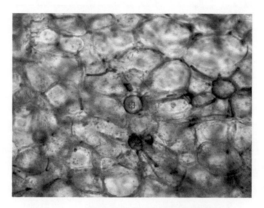

图 1.31　显微镜下的益智仁油细胞A

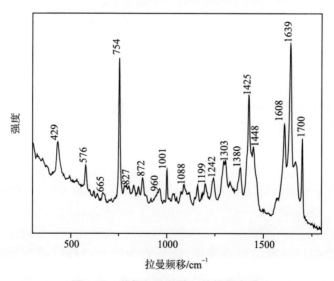

图 1.32　益智仁油细胞A的拉曼光谱

图1.33是益智仁油细胞A与γ-松油烯的拉曼光谱对比图。比较图中的a、b谱线，两者绝大部分的峰形、峰位都相同。

根据附录1，对γ-松油烯/油细胞A的拉曼谱峰进行初步归属：1701/1700cm⁻¹、1617/-cm⁻¹（C＝C伸缩振动）；1448/1448cm⁻¹、1426/1425cm⁻¹（CH₂剪切振动）；

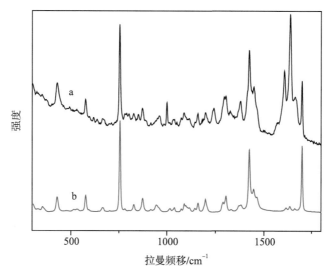

图1.33 益智仁油细胞A（a）和γ-松油烯（b）的拉曼光谱

1383/1380cm⁻¹（CH₃剪切振动）；1322/1326cm⁻¹、1305/1303cm⁻¹、1290/1295cm⁻¹、1118/1115cm⁻¹、1090/1088cm⁻¹、1039/1033cm⁻¹、945/951cm⁻¹、829/827cm⁻¹、782/790cm⁻¹、668/665cm⁻¹、534/530cm⁻¹（C—H摇摆振动）；1199/1199cm⁻¹、1075/1074cm⁻¹（CH₂摇摆振动）；1161/1160cm⁻¹、1017/-cm⁻¹、916/916cm⁻¹、875/872cm⁻¹（C—C伸缩振动和C—H摇摆振动）；756/754cm⁻¹（环呼吸振动）；578/576cm⁻¹（环变形振动）；429/429cm⁻¹（C—C—C的弯曲振动），354/350cm⁻¹、296/293cm⁻¹（骨架振动）。

图1.32中出现了肉桂酸甲酯的拉曼峰，以肉桂酸甲酯/油细胞A为序进行归属：1717/-cm⁻¹，1640/1639cm⁻¹（C=C及C=O伸缩振动）；1598/1608cm⁻¹（环的C=C伸缩振动及C—H摇摆振动）；1496/-cm⁻¹、1452/1448cm⁻¹、1408/-cm⁻¹、871/872cm⁻¹（C—H摇摆振动）；1331/1327cm⁻¹（重叠）、1000/1001cm⁻¹、620/618cm⁻¹、507/493cm⁻¹（环变形振动）；1202/1199cm⁻¹（重叠）（CH₂摇摆振动）；1183/1199cm⁻¹（重叠）（C—H摇摆振动及C—O—C伸缩振动）；1169/1160cm⁻¹（CH₂扭曲振动）；1015/-cm⁻¹（C—O及C—C伸缩振动）；935/942cm⁻¹（C—O伸缩振动及C—C—C的弯曲振动）；1030/1033cm⁻¹、833/827cm⁻¹、576/576cm⁻¹（环呼吸振动）；726/727cm⁻¹（环伞形振动）；226/227cm⁻¹（骨架振动）。

可见益智仁油细胞A的主要成分为γ-松油烯、肉桂酸甲酯。

显微镜下的益智仁油细胞B如图1.34所示，在该油细胞上获得的拉曼光谱如图1.35所示。

图1.35中出现了4-萜烯醇（terpinen-4-ol）的特征峰，以4-萜烯醇/油细胞为序对其进行归属：1679/1680cm⁻¹（C=C伸缩振动），887/880cm⁻¹、924/930cm⁻¹（C—H及CH₂摇摆振动），730/727cm⁻¹（环变形振动）。

图1.35中出现了芳樟醇（linalool）的特征峰，以芳樟醇/油细胞为序进行归属：1676/1680cm⁻¹（C=C伸缩振动），1644/1641cm⁻¹（C=C伸缩振动），1454/1460cm⁻¹（CH₃/CH₂弯曲振动），1383/1385cm⁻¹（CH₃弯曲振动），1294/1296cm⁻¹（=CH摇摆振动），

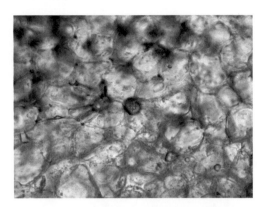

图 1.34 显微镜下的益智仁油细胞 B

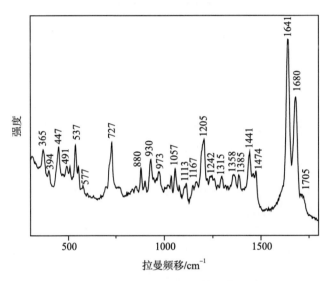

图 1.35 益智仁油细胞 B 的拉曼光谱

805/808 cm^{-1}（与—OH 相关的振动）。

  益智仁油细胞 B 的主要成分为 4-萜烯醇、芳樟醇。综合油细胞 A 和 B 可见，益智仁油细胞主要成分为 γ-松油烯、4-萜烯醇、肉桂酸甲酯、芳樟醇。

1.10 宽唇山姜

Alpinia platychilus K. Schumann

  宽唇山姜产自云南。笔者实验室所用宽唇山姜为 2015 年 8 月采于西双版纳，图 1.36 是显微镜下的宽唇山姜根状茎油细胞，在该油细胞上获得的拉曼光谱见图 1.37。

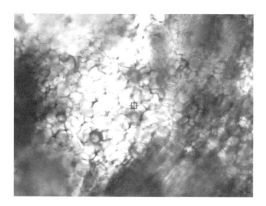

图 1.36 显微镜下的宽唇山姜根状茎油细胞

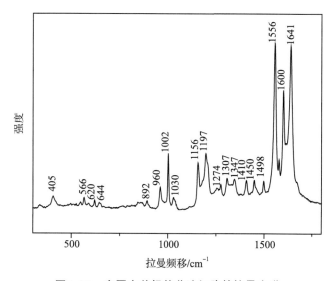

图 1.37 宽唇山姜根状茎油细胞的拉曼光谱

图 1.38 给出了宽唇山姜根状茎油细胞与肉桂酸甲酯拉曼光谱的对比图，比较 a、b 谱线可见，a 谱线中出现了肉桂酸甲酯的特征峰，以肉桂酸甲酯/油细胞为序对其进行归属：1717/-cm^{-1}，1640/1641cm^{-1}（C＝C 及 C＝O 伸缩振动）；1598/1600 cm^{-1}（环的 C＝C 伸缩振动及 C—H 摇摆振动）；1496/1498cm^{-1}、1452/1450cm^{-1}、1408/1410cm^{-1}、871/892cm^{-1}（C—H 摇摆振动）；1331/1347cm^{-1}、1000/1002cm^{-1}、620/620cm^{-1}、507/496cm^{-1}（环的变形振动）；1202/1197cm^{-1}（重叠）（CH$_2$摇摆振动）；1183/1197cm^{-1}（重叠）（C—H 摇摆振动及 C—O—C 伸缩振动）；1169/1156cm^{-1}（CH$_2$扭曲振动）；1015/-cm^{-1}（C—O 及 C—C 伸缩振动）；935/-cm^{-1}（C—O 伸缩振动及 C—C—C 的弯曲振动）；1030/1030cm^{-1}、833/844cm^{-1}、576/586cm^{-1}（环呼吸振动）；726/-cm^{-1}（环伞形振动）；226/-cm^{-1}（骨架振动）。

图 1.38 中出现了 β-蒎烯的特征峰，以 β-蒎烯/油细胞为序对其进行归属：1644/1641cm^{-1}（C＝C 伸缩振动），1447/1450cm^{-1}（CH$_3$/CH$_2$ 弯曲振动），645/644cm^{-1}（环变形振动）。

图 1.38 还出现了二十碳五烯酸的强峰，以二十碳五烯酸/油细胞为序对其进行归属：1563/1556cm^{-1}（O＝C—O 反对称伸缩振动）。

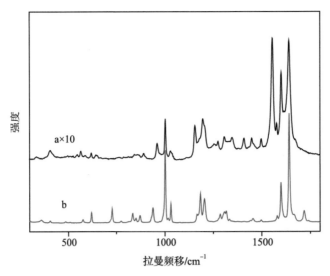

图1.38 宽唇山姜根状茎油细胞（a）和肉桂酸甲酯（b）的拉曼光谱

可见，宽唇山姜油细胞的主要成分为肉桂酸甲酯、二十碳五烯酸和β-蒎烯。

谢小燕等采用水蒸气蒸馏法从宽唇山姜的根状茎中提取挥发油，用GC-MS联用仪对其分别进行分离测定，得到其主要挥发物为肉桂酸甲酯（77.715%）、β-蒎烯（3.494%）。

1.11 箭秆风

Alpinia sichuanensis Z. Y. Zhu

箭秆风产于广东、广西、江西、湖南、贵州、云南、四川。民间用其根状茎治疗风湿病。

笔者实验室所用箭秆风为2018年5月采于四川省泸州市，在同一切片上箭秆风的根状茎油细胞A、B中获得了两种明显不同的拉曼光谱。

图1.39是显微镜下箭秆风的油细胞A，在该油细胞上获得的拉曼光谱图见图1.40。

在图1.40中出现了β-蒎烯的特征峰，以β-蒎烯/油细胞为序对其进行归属：1644/1644cm^{-1}（C＝C伸缩振动），1447/1445cm^{-1}（重叠）（CH$_3$/CH$_2$弯曲振动），

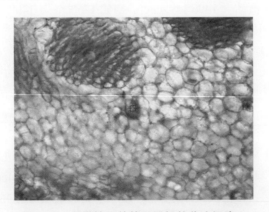

图1.39 显微镜下的箭秆风根状茎油细胞A

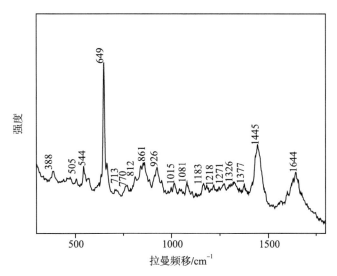

图1.40 箭秆风根状茎油细胞A的拉曼光谱

645/649cm⁻¹（环的变形振动）。

图1.41是箭秆风油细胞A与1,8-桉油精的拉曼光谱对比图，从图中可见两者的峰形、峰位都很相似。

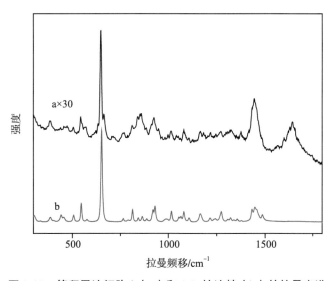

图1.41 箭秆风油细胞A（a）和1,8-桉油精（b）的拉曼光谱

以1,8-桉油精/油细胞A为序对拉曼峰进行归属：1446/1445cm⁻¹、1432/1433cm⁻¹（CH₃伞形振动）；1485/1483cm⁻¹、1378/1377cm⁻¹、1356/1352cm⁻¹、1338/-cm⁻¹、1320/1326cm⁻¹、1215/1218cm⁻¹、1164/1167cm⁻¹、1107/1107cm⁻¹、1080/1081cm⁻¹、1016/1015cm⁻¹、864/861cm⁻¹、843/842cm⁻¹（C—H摇摆振动）；1307/1308cm⁻¹、1273/1271cm⁻¹、1243/1246cm⁻¹、1215/1218cm⁻¹、1054/1051cm⁻¹（C—C及C—H摇摆振动）；930/926cm⁻¹、887/886cm⁻¹、764/770cm⁻¹（C—C伸缩振动及C—H摇摆振动）；790/787cm⁻¹、576/571cm⁻¹、455/457cm⁻¹（C—O及C—H摇摆振动）；652/649cm⁻¹（环呼吸振动）；545/544cm⁻¹（C—C伸缩振动及C—C—C弯曲

振动）；506/505cm⁻¹、386/388cm⁻¹、334/337cm⁻¹（C—C—C弯曲振动及C—H摇摆振动）；441/440cm⁻¹（C—C—C弯曲振动）；301/298cm⁻¹（C—C摇摆振动）；211/-cm⁻¹（CH₃扭曲振动）。

图1.42是显微镜下的箭秆风根状茎油细胞B，在该油细胞上获得的拉曼光谱见图1.43。

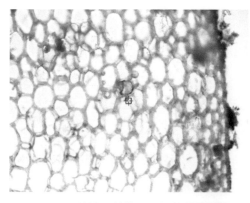

图1.42　显微镜下的箭秆风根状茎油细胞B

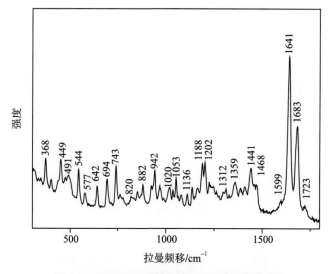

图1.43　箭秆风根状茎油细胞B的拉曼光谱

图1.43中出现了以下几种特征峰。

（1）芳樟醇的特征峰，以芳樟醇/油细胞B为序对其进行归属：1676/1683cm⁻¹（C＝C伸缩振动），1644/1641cm⁻¹（C＝C伸缩振动），1454/1441cm⁻¹（重叠）（CH₃/CH₂弯曲振动），1383/1387cm⁻¹（CH₃弯曲振动），1294/1297cm⁻¹（＝CH摇摆振动），805/807cm⁻¹（与—OH相关的振动）。

（2）β-蒎烯的特征峰，以β-蒎烯/油细胞为序对其进行归属：1644/1641cm⁻¹（C＝C伸缩振动），1447/1459cm⁻¹（CH₃/CH₂弯曲振动），645/642cm⁻¹（环变形振动）。

（3）4-萜烯醇的特征峰，以4-萜烯醇/油细胞为序对其进行归属：1679/1683cm⁻¹

（C＝C伸缩振动），887/882cm^{-1}、924/924cm^{-1}（C—H及CH$_2$摇摆振动），730/742cm^{-1}（重叠）（环变形振动）。

综合来看，箭秆风油细胞的主要成分为1,8-桉油精、β-蒎烯、芳樟醇和4-萜烯醇。

1.12 球穗山姜

Alpinia strobiliformis T. L. Wu & S. J. Chen

球穗山姜产于广西、云南。

笔者实验室所用球穗山姜为2019年7月采于云南省文山州西畴市，图1.44是显微镜下的球穗山姜根状茎油细胞，图1.45是在该油细胞上获得的拉曼光谱。

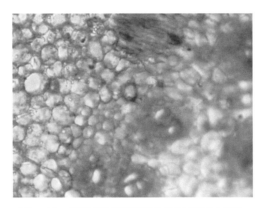

图1.44 显微镜下的球穗山姜根状茎油细胞

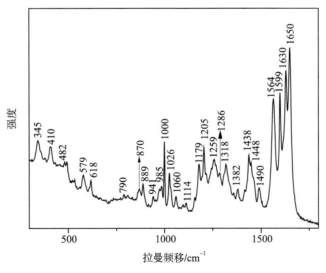

图1.45 球穗山姜根状茎油细胞的拉曼光谱

图1.45中出现了以下几种特征峰。

（1）甲氧基肉桂酸乙酯的特征峰，以甲氧基肉桂酸乙酯/油细胞为序对其进行归属：1632/1630cm^{-1}（C＝C伸缩振动），1600/1599cm^{-1}（环的伸缩振动），1572/1564cm^{-1}（环伸缩振动），1423/1416cm^{-1}（重叠，环的C—H摇摆振动），1313/1318cm^{-1}（C—H摇摆振动），1301/1286cm^{-1}（C—H摇摆振动），1249/1259cm^{-1}（C—O伸缩振动），1207/1205cm^{-1}（C—H摇摆振动），1171/1179cm^{-1}（C—H摇摆振动），1116/1114cm^{-1}（CH$_3$摇摆振动），866/870cm^{-1}（CH$_3$、C—O摇摆振动及环呼吸振动），846/-cm^{-1}（C—H摇摆振动），779/790cm^{-1}（环呼吸振动及C—C＝C弯曲振动），636/618cm^{-1}（环变形振动），550/560cm^{-1}（环呼吸振动及C—O—C弯曲振动），380/380cm^{-1}（O—C—C弯曲振动）。

（2）肉桂酸甲酯的特征峰，以肉桂酸甲酯/油细胞为序对其进行初步的归属：1640/1650cm^{-1}（C＝C及C＝O伸缩振动）；1598/1599cm^{-1}（环的C＝C伸缩振动及C—H摇摆振动）；1496/1490cm^{-1}、1452/1448cm^{-1}、1408/1416cm^{-1}、871/870cm^{-1}（C—H摇摆振动）；1331/1318cm^{-1}、1000/1000cm^{-1}、620/618cm^{-1}、507/493cm^{-1}（环变形振动）；1202/1205cm^{-1}（CH$_2$摇摆振动）；1183/1179cm^{-1}（C—H摇摆振动及C—O—C伸缩振动）；1169/1157cm^{-1}（CH$_2$扭曲振动）；1015/1026（C—O及C—C伸缩振动）；935/941cm^{-1}（C—O伸缩振动及C—C—C的弯曲振动）；1030/1026cm^{-1}、833/833cm^{-1}、576/579cm^{-1}（环呼吸振动）；726/735cm^{-1}（环伞形振动）；226/216cm^{-1}（骨架振动）。

（3）二十碳五烯酸的强峰，以二十碳五烯酸/油细胞为序对其进行归属：1563/1564cm^{-1}（O＝C—O反对称伸缩振动）。

可见球穗山姜根状茎油细胞的主要成分为甲氧基肉桂酸乙酯、肉桂酸甲酯和二十碳五烯酸。

1.13　艳山姜

Alpinia zerumbet（Pers.）Burtt. & Smith

艳山姜产于云南、广东、广西、海南及台湾。

笔者实验室所用艳山姜为2019年7月采于云南省楚雄市（栽培），图1.46是显微镜下的艳山姜根状茎油细胞，在该油细胞上获得的拉曼光谱见图1.47。

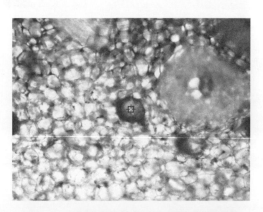

图1.46　显微镜下的艳山姜根状茎油细胞

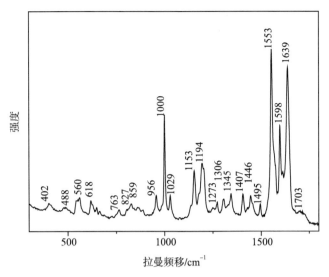

图 1.47 艳山姜根状茎油细胞的拉曼光谱

图 1.47 中出现了以下几种特征峰。

（1）二十碳五烯酸的强峰，以二十碳五烯酸/油细胞为序对其进行归属：1563/1553 cm^{-1}（O＝C—O反对称伸缩振动）。

（2）β-蒎烯的特征峰，以β-蒎烯/油细胞为序对其进行归属：1644/1639cm^{-1}（C＝C伸缩振动），1447/1446 cm^{-1}（CH$_3$/CH$_2$弯曲振动），645/648cm^{-1}（环变形振动）。

图 1.48 给出了艳山姜根状茎油细胞与肉桂酸甲酯的拉曼光谱对比图，比较a、b谱线可见，a谱线中出现了肉桂酸甲酯的特征峰，以肉桂酸甲酯/油细胞为序对其进行归属：1717/1703cm^{-1}、1640/1639cm^{-1}（C＝C及C＝O伸缩振动）；1598/1598cm^{-1}（环的C＝C伸缩振动及C—H摇摆振动）；1496/1495cm^{-1}、1452/1446cm^{-1}、1408/1407cm^{-1}、871/859cm^{-1}（C—H摇摆振动）；1331/1345cm^{-1}、1000/1000cm^{-1}、620/618cm^{-1}、507/488cm^{-1}（环的

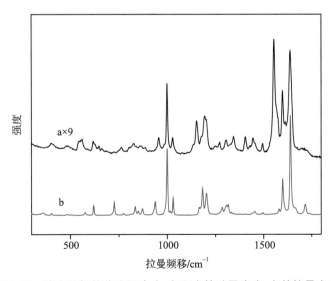

图 1.48 艳山姜根状茎油细胞（a）和肉桂酸甲酯（b）的拉曼光谱

变形振动）；1202/1194cm^{-1}（重叠）（CH$_2$摇摆振动）；1183/1194cm^{-1}（重叠）（C—H摇摆振动及C—O—C伸缩振动）；1169/1153cm^{-1}（CH$_2$扭曲振动）；1015/-cm^{-1}（C—O及C—C伸缩振动）；935/-cm^{-1}（C—O伸缩振动及C—C—C的弯曲振动）；1030/1029cm^{-1}、833/827cm^{-1}、576/560cm^{-1}（环呼吸振动）；726/- cm^{-1}（环伞形振动）；226/-cm^{-1}（骨架振动）。

可见，艳山姜油细胞的主要成分为肉桂酸甲酯、二十碳五烯酸、β-蒎烯。

1.14　花叶艳山姜

Alpinia zerumbet（Persoon.）B. L. Burtt & R. M. Smith 'Variegata'

花叶艳山姜山艳山姜枝条芽变产生，是栽培品种。

笔者实验室所用花叶艳山姜为2015年8月采于西双版纳，图1.49是显微镜下的花叶艳山姜根状茎油细胞，在该油细胞上获得的拉曼光谱见图1.50。

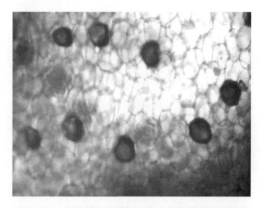

图1.49　显微镜下的花叶艳山姜根状茎油细胞

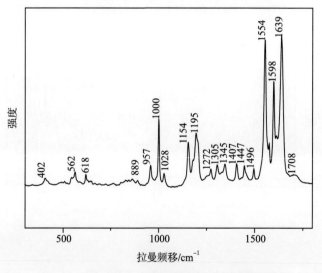

图1.50　花叶艳山姜根状茎油细胞的拉曼光谱

在图1.50中出现了以下几种特征峰。

（1）二十碳五烯酸的强峰，以二十碳五烯酸/油细胞为序对其进行归属：1563/1554cm^{-1}（O＝C—O反对称伸缩振动）。

（2）β-蒎烯的特征峰，以β-蒎烯/油细胞为序对其进行归属：1644/1639cm^{-1}（C＝C伸缩振动），1447/1447cm^{-1}（CH$_3$/CH$_2$弯曲振动），645/641cm^{-1}（环变形振动）。

图1.51是花叶艳山姜根状茎油细胞与肉桂酸甲酯拉曼光谱的对比图，比较a谱线、b谱线可见，a谱线中出现了肉桂酸甲酯的特征峰，以肉桂酸甲酯/油细胞为序对其进行归属：1717/1708cm^{-1}、1640/1639cm^{-1}（C＝C及C＝O伸缩振动）；1598/1598cm^{-1}（环的C＝C伸缩振动及C—H摇摆振动）；1496/1496cm^{-1}、1452/1447cm^{-1}、1408/1407cm^{-1}、871/889cm^{-1}（C—H摇摆振动）；1331/1345cm^{-1}、1000/1000cm^{-1}、620/618cm^{-1}、507/507cm^{-1}（环变形振动）；1202/1195cm^{-1}（重叠）（CH$_2$摇摆振动）；1183/1195cm^{-1}（重叠）（C—H摇摆振动及C—O—C伸缩振动）；1169/1154cm^{-1}（CH$_2$扭曲振动）；1015/-cm^{-1}（C—O及C—C伸缩振动）；935/-cm^{-1}（C—O伸缩振动及C—C—C的弯曲振动）；1030/1028cm^{-1}、833/827cm^{-1}、576/562cm^{-1}（环呼吸振动）；726/-cm^{-1}（环伞形振动）；226/227cm^{-1}（骨架振动）。

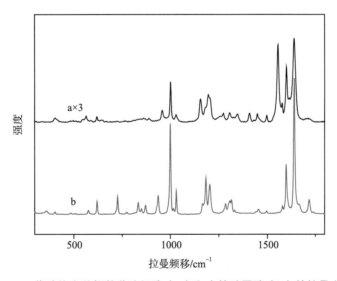

图1.51　花叶艳山姜根状茎油细胞（a）和肉桂酸甲酯（b）的拉曼光谱

可见花叶艳山姜根状茎油细胞的主要成分为肉桂酸甲酯和二十碳五烯酸、β-蒎烯。

为考察不同年份、不同植株油细胞的拉曼光谱图是否相同，图1.52给出了2017年8月采于西双版纳的花叶艳山姜根状茎油细胞的拉曼光谱。

比较图1.50和图1.52可见，两者的峰形、峰位及峰的相对强度基本一致，表明不同年份、不同植株油细胞的拉曼光谱是相同的，因此油细胞的主要成分也是相同的，都为肉桂酸甲酯、二十碳五烯酸、β-蒎烯。

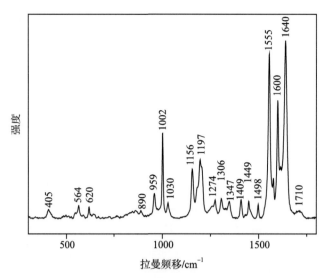

图1.52　花叶艳山姜根状茎油细胞的拉曼光谱

1.15　结语

本章对山姜属植物云南草蔻、光叶云南草蔻、靖西山姜、节鞭山姜、美山姜、红豆蔻、长柄山姜、黑果山姜、益智、宽唇山姜、箭秆风、球穗山姜、艳山姜、花叶艳山姜等的油细胞显微拉曼光谱进行了介绍，得出各种植物油细胞的主要成分，为便于比较，将各植物油细胞的主要成分列于表1.1中。

从表1.1中可见，云南草蔻根状茎、光叶云南草蔻根状茎、长柄山姜根状茎、宽唇山姜根状茎、美山姜根状茎、艳山姜根状茎、花叶艳山姜根状茎油细胞的主要成分都一样，为肉桂酸甲酯、β-蒎烯、二十碳五烯酸，它们都是艳山姜亚属，这是否是艳山姜亚属的特点有待进一步的验证；节鞭山姜、红豆蔻根状茎油细胞的主要成分都一样，为1'-乙酰氧基胡椒酚乙酸酯；球穗山姜根状茎油细胞的主要成分为肉桂酸甲酯、二十碳五烯酸和甲氧基肉桂酸乙酯；黑果山姜种子、益智种子油细胞都含有γ-松油烯。

图1.53为山姜属植物油细胞主要成分的分子结构。

肉桂酸甲酯具有新鲜的果实香味，可作为香水、香精及皂用香精的常用香剂，也可用于食用香精；β-蒎烯具有抗炎、祛痰和抗真菌作用；α-蒎烯具有镇咳、祛痛、抗真菌作用；二十碳五烯酸具有调节血脂、软化血管、降低血液黏度的作用，可防止脂肪在血管壁的沉积，预防动脉粥样硬化的形成和发展，预防脑血栓、脑出血、高血压等心脑血管疾病，有"血管清道夫"之称；1'-乙酰氧基胡椒酚乙酸酯具有抗菌、抗癌、抗溃疡、杀虫等生物活性；1,8-桉油精有解热、抗炎、抗菌、平喘和镇痛作用；γ-松油烯对沙门氏菌有抑制作用；4-萜烯醇具有平喘作用，对苏云金杆菌有体外抑菌作用；芳樟醇具有抗细菌、抗真菌、抗病毒和镇静作用；甲氧基肉桂酸乙酯有广谱抗真菌作用，对深红色发癣菌、酿酒酵母及黑曲霉菌有高度活性；香芹酚有解痉作用，能对抗组胺、二氯化钡和乙酰胆碱引起的豚鼠回肠和大鼠十二指肠痉挛，能增强胰蛋白酶的活性；4-烯丙基苯甲醚有升白细胞、抗菌、解痉、镇静等作用，对肿瘤患者化疗和放疗所致的白细胞减少症有疗效。

表 1.1 山姜属植物油细胞主要成分

	肉桂酸甲酯	β-派烯	α-派烯	二十碳五烯酸	1'-乙酰氧基胡椒酚乙酸酯	1,8-桉油精	γ-松油烯	4-萜烯醇	芳樟醇	甲氧基肉桂酸乙酯	香芹酚	4-烯丙基苯甲醚
云南草蔻根状茎	Y	Y		Y								
云南草蔻种子	Y		Y	Y								
光叶云南草蔻根状茎	Y	Y		Y								
靖西山姜根状茎				Y						Y	Y	
靖西山姜种子				Y						Y	Y	
节鞭山姜根状茎					Y							
美山姜根状茎	Y	Y		Y								
红豆蔻根状茎					Y							
红豆蔻种子					Y	Y						
长柄山姜根状茎	Y	Y		Y								
黑果山姜种子							Y			Y	Y	Y
益智种子油细胞	Y						Y	Y				
宽唇山姜根状茎	Y	Y		Y					Y			
箭秆风根状茎	Y	Y				Y		Y	Y			
球穗山姜根状茎	Y			Y						Y		
艳山姜根状茎	Y	Y		Y						Y		
花叶艳山姜根状茎	Y	Y		Y								

注：Y 代表有此成分，全书余表同。

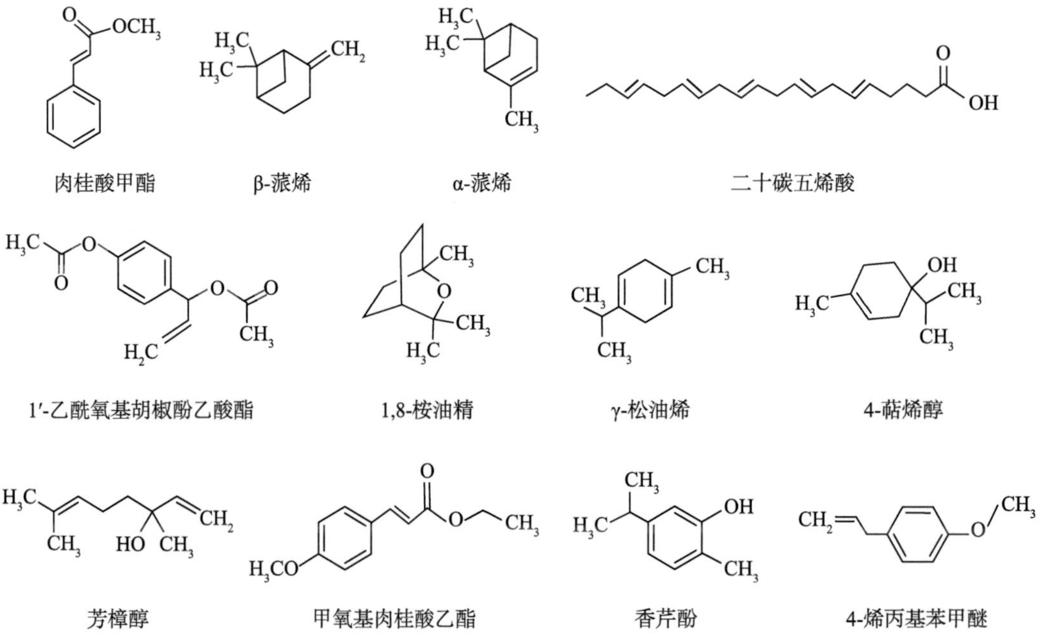

| 肉桂酸甲酯 | β-蒎烯 | α-蒎烯 | 二十碳五烯酸 |

| 1′-乙酰氧基胡椒酚乙酸酯 | 1,8-桉油精 | γ-松油烯 | 4-萜烯醇 |

| 芳樟醇 | 甲氧基肉桂酸乙酯 | 香芹酚 | 4-烯丙基苯甲醚 |

图1.53　山姜属植物油细胞主要成分的分子结构

参 考 文 献

蔡明招，张倩芝，2003. 超临界CO₂萃取大高良姜精油的成分分析. 中草药，34（1）：17-18.

济南市轻工业研究所，1985. 合成食用香料手册. 北京：轻工业出版社，636.

江纪武，肖庆祥，1986. 植物药有效成分手册. 北京：人民卫生出版社，222-833.

纳智，2006. 云南草蔻和长柄山姜挥发油的化学成分分析. 植物资源与环境学报，15（3）：73-74.

司民真，李伦，张川云，等，2017. 大高良姜与节鞭山姜油细胞原位拉曼光谱研究. 光散射学报，29（3）：239-242.

司民真，李伦，张川云，等，2017. 毛姜花油细胞原位拉曼光谱研究. 激光生物学报，26（4）：298-302.

司民真，李伦，张川云，等，2019. 新鲜山柰、海南三七油细胞原位拉曼光谱研究. 热带作物学报，40（9）：1817-1822.

司民真，张德清，李伦，等，2018. 姜科植物长柄山姜及茴香砂仁精油原位拉曼光谱研究. 光谱学与光谱分析，38（2）：448-453.

吴德邻，刘念，叶育石，2016. 中国姜科植物资源. 武汉：华中科技大学出版社.

谢爱萍，张学，王立媛，等，2019. 毛细管气相色谱测定食品中二十碳五烯酸和二十二碳六烯酸含量. 中国卫生检验杂志，29（17）：2071-2074.

谢小燕，薛咏梅，徐俊驹，等，2013. 节鞭山姜和宽唇山姜挥发油化学成分分析. 云南农业大学学报，28（4）：592-597.

许戈文，李步青，1996. 合成香料产品技术手册. 北京：中国商业出版社，365-366.

余竞光，方洪钜，陈毓亨，等，1985. 两种红豆蔻化学成分鉴定. 中药通报，13（6）：34-36.

张萍，王平，石超峰，等，2013. 油樟油主成分对几种常见病原菌的抑菌活性研究. 四川农业大学学报，31（04）：393-397.

张倩芝，陈晓红，张卫红，等，2010. 大高良姜中活性物质的分子光谱研究. 光散射学报，22（2）：

181-185.

中国科学院《中国植物志》编辑委员会，1999. 中国植物志. 北京：科学出版社.

Baranska M，Schulz H，Kruger H，et al，2005. Chemotaxonomy of aromatic plants of the genus *Origanumvia* vibrational spectroscopy. Anal Bioanal Chem，381：1241-1247.

Jentzsch P V，Ramos L A，Ciobotă V，2015. Handheld raman spectroscopy for the distinction of essential oils used in the cosmetics industry. Cosmetics，2：162-176.

Jitoe A，Toshiya M，1992. Antioxidant activity of tropical ginger extracts and analysis of the contained curcuminoids. J Agric Chem，40：1337-1340.

Kondo A，Ohigashi H，Murakami A，et al，1993. 1'-Acetoxychavicol acetate as a potent inhibitor of tumor promoter-induced Epstein-Barr virus activation from *Languas gaianga*，a traditional Thai condiment. Biosci Biotechnol Biochem，57（8）：1344-1345.

Kubota K，Nakamura K，1998. Acetoxy-1,8-cineoles as aroma constituents of *Alpinia galanga* Willd. J Agric Chem，46：5244-5247.

Socrates G，2001. Infrared and Raman Characteristic Group Frequencies（Tables and Charts）. 3rd ed. New Jersey：John Wiley& Sons，125-129.

Yang X G，Eilerman G，1999. Pungent principal of *Alpinia galanga*（L.）Swartz and its applications. J Agric Chem，47：1657-1662.

第2章

豆 蔻 属
Amomum Roxb.

豆蔻属植物在全世界有150余种，分布于亚洲、大洋洲的热带地区。我国约40种，2变种，产于南部至西南部，其中有药用价值的有19种。本属植物大多可作药用或香料，能祛风止痛，健胃消食。

2.1 荽味砂仁

Amomum coriandriodorum S. Q. Tong

荽味砂仁分布于云南南部、西南部，海拔1200米以下，生于沟谷、溪边或潮湿林下，孟连、镇沅、德宏等地产。少数民族用其叶做肉食品、菜肴调料，药用可祛风行气。

笔者实验室所用荽味砂仁为2017年8月采于西双版纳，图2.1是显微镜下的荽味砂仁根状茎油细胞，图2.2是与之对应的拉曼光谱。

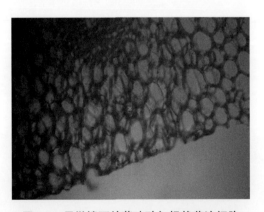

图2.1 显微镜下的荽味砂仁根状茎油细胞

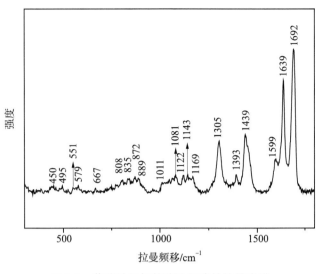

图2.2 荽味砂仁根状茎油细胞的拉曼光谱

图2.3给出了荽味砂仁根状茎油细胞拉曼光谱与反式-2-十二烯醛（trans-2-dodecenal，CAS号：20407-84-5，Sigma公司）的拉曼光谱的对比图。从图中可见，两者非常相似，绝大部分的峰形、峰位都相同。以反式-2-十二烯醛/油细胞为序对其主要的峰进行归属：$1691/1692cm^{-1}$（C＝O伸缩振动）；$1637/1639cm^{-1}$（C＝C伸缩振动）；$1437/1439cm^{-1}$、$1391/1393cm^{-1}$（CH_3面外、面内弯曲振动）；$1301/1305cm^{-1}$（CH_2面内扭曲振动）；$1138/1143cm^{-1}$、$1076/1081cm^{-1}$（C—C—C面内、面外伸缩振动）；$1118/1122cm^{-1}$（C—H弯曲和C—C伸缩振动）；$1015/1011cm^{-1}$（C—H面内摇摆振动）；$967/963cm^{-1}$（C—H变形振动）；$887/889cm^{-1}$、$870/872cm^{-1}$、$831/835cm^{-1}$（C—H摇摆振动）；$571/579cm^{-1}$（＝C—C＝O面内变形振动）；$550/551cm^{-1}$（C—C＝O面内变形振动）。

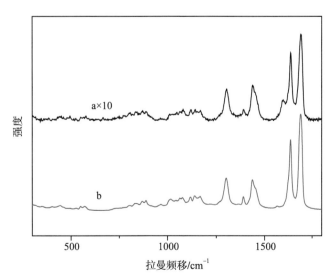

图2.3 荽味砂仁根状茎油细胞（a）和反式-2-十二烯醛（b）的拉曼光谱

×10，表示强度增大10倍

可见，菱味砂仁油细胞的主要成分为反式-2-十二烯醛。

2.2 野草果
Amomum koenigii

野草果产于我国广西、云南，缅甸、泰国、老挝、越南亦有分布。果实药用可治脘腹胀满、冷痛、反胃、呕吐、痢疾。

笔者实验室所用的野草果根状茎为2017年8月采于西双版纳，图2.4是显微镜下的野草果根状茎油细胞，图2.5是与之对应的拉曼光谱。

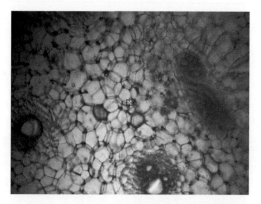

图2.4　显微镜下的野草果根状茎油细胞

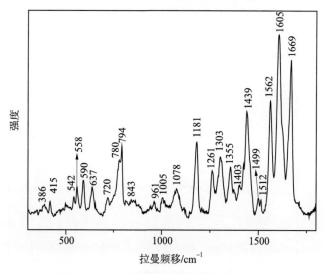

图2.5　野草果根状茎油细胞的拉曼光谱

图2.5中出现了以下特征峰。

（1）香叶醇（geraniol，CAS号：106-24-1）的特征峰，以香叶醇/油细胞为序对其进行归属：1671/1669cm^{-1}（C＝C伸缩振动），1452/1439cm^{-1}（CH$_3$/CH$_2$ 的弯曲振动）。

（2）α-水芹烯（α-phellandrene，CAS号：99-83-2）的特征峰，以α-水芹烯/油细胞

为序对其进行归属：1591/1605cm^{-1}（C＝C伸缩振动），1452/1439cm^{-1}（CH$_3$/CH$_2$的弯曲振动），1170/1181cm^{-1}（面内C—H变形振动），782/780cm^{-1}（面外C—H变形振动）。

图2.6是野草果根状茎油细胞拉曼光谱与6-姜烯酚标样（6-shogaol，CAS号：555-66-8）的拉曼光谱对比图。

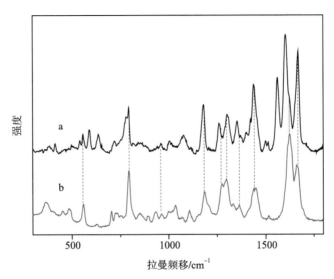

图2.6 野草果根状茎油细胞（a）和6-姜烯酚（b）的拉曼光谱

以6-姜烯酚/油细胞为序对其主要的峰进行归属：1661/1669cm^{-1}（C＝O伸缩振动）；1625/1605cm^{-1}（重叠，C＝C伸缩振动）；1439/1439cm^{-1}（CH$_3$面外弯曲振动）；1297/1303cm^{-1}（CH$_2$弯曲振动）；1181/1181cm^{-1}（C—O—C反对称伸缩振动）；795/794cm^{-1}（面外C—H变形振动），558/558cm^{-1}（环变形振动）。

可见，野草果根状茎油细胞的主要成分为香叶醇、α-水芹烯、6-姜烯酚。

2.3 九翅豆蔻

Amomum maximum Roxb.

九翅豆蔻产于我国广东、广西、云南、西藏，印度尼西亚亦有分布。果实药用有行气止痛、开胃消食的功效。

笔者实验所用九翅豆蔻为2017年8月采于西双版纳，图2.7是显微镜下的九翅豆蔻根状茎油细胞，图2.8是与之对应的油细胞的拉曼光谱。

图2.8中出现了以下特征峰。

（1）香茅醛（citronellal，CAS号：106-23-0）的特征峰，以香茅醛/油细胞为序对其进行归属：1725/1728cm^{-1}（C＝O伸缩振动），1674/1685cm^{-1}（C＝C伸缩振动），1382/1386cm^{-1}（CH$_3$对称弯曲振动）。

（2）较强的谱峰746cm^{-1}为百里香酚（thymol，CAS号：89-83-8）的环振动。

（3）芳樟醇（CAS号：78-70-6）的特征峰，以芳樟醇/油细胞为序对其进行

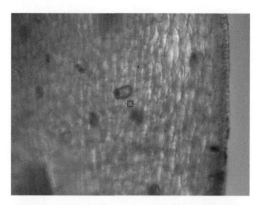

图2.7 显微镜下的九翅豆蔻根状茎油细胞

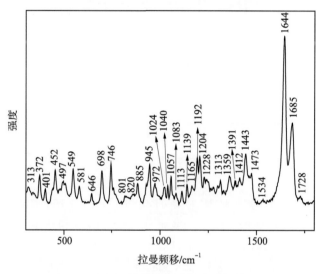

图2.8 九翅豆蔻根状茎油细胞的拉曼光谱

归属:1676/1685cm^{-1}(重叠,C═C伸缩振动),1644/1644cm^{-1}(C═C伸缩振动),1454/1443cm^{-1}(CH$_3$/CH$_2$弯曲振动),1383/1386cm^{-1}(CH$_3$弯曲振动),1294/1299cm^{-1}(═CH摇摆振动),805/801cm^{-1}(与—OH相关的振动)。

(4)柠檬烯(limonene,CAS号:138-86-3)的特征峰,以柠檬烯/油细胞为序对主要的峰进行归属:1678/1685cm^{-1}(环己烯的C═C伸缩振动),1645/1644cm^{-1}(乙烯基的C═C伸缩振动),1435/1443cm^{-1}(CH$_3$/CH$_2$弯曲振动),760/759cm^{-1}(环变形振动)。

(5)β-蒎烯(CAS号:127-91-3)的特征峰,以β-蒎烯/油细胞为序对其进行归属:1644/1644cm^{-1}(C═C伸缩振动),1440/1443cm^{-1}(CH$_3$/CH$_2$弯曲振动),645/646 cm^{-1}(环变形振动)。

(6)α-松油醇(α-terpineol,CAS号:98-55-5)的特征峰,以α-松油醇/油细胞为序对其进行归属:1678/1685cm^{-1}(C═C伸缩振动),1141/1139cm^{-1}(C═C伸缩振动),757/759 cm^{-1}(C═C伸缩振动)。

(7)香芹酮(carvone,CAS号:99-49-0)的特征峰,以香芹酮/油细胞为序对其进行归属：1670/1685cm⁻¹（C＝C伸缩振动），1644/1644cm⁻¹（C＝C伸缩振动），680～700/698cm⁻¹（环变形振动）。

可见，九翅豆蔻根状茎油细胞的主要成分为香茅醛、百里香酚、芳樟醇、柠檬烯、β-蒎烯、α-松油醇、香芹酮。

图2.9是九翅豆蔻不同年份、不同部位油细胞的拉曼光谱，图2.9中的a谱线是2015年8月采于西双版纳的九翅豆蔻根状茎油细胞的拉曼光谱，图2.9中的b谱线是2017年8月采于西双版纳的九翅豆蔻种子油细胞的拉曼光谱，图2.9中的c谱线是2017年8月采于西双版纳的九翅豆蔻根状茎油细胞的拉曼光谱，从图中可见，它们的峰形、峰位都基本相同，说明其主要成分都相同。不同之处在于643cm⁻¹附近的峰的相对强度不同，而该峰来自于β-蒎烯，这反映出几个样品中β-蒎烯的相对含量不同。

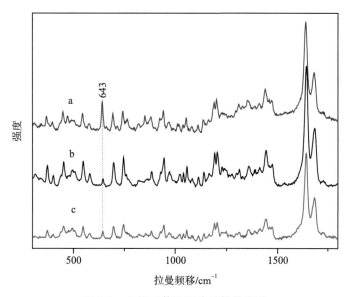

图2.9　九翅豆蔻油细胞的拉曼光谱

九翅豆蔻种子与九翅豆蔻根状茎油细胞的主要成分一致。

2.4　白花草果

Amomum paratsaoko S. Q. Tong & Y. M. Xia

白花草果又称拟草果、广西草果，是壮族常用草药之一，壮族人民称其为"白草果"，有悠久的使用历史，主产地在广西那坡县壮族集居地，靖西、隆林等地也有分布。白花草果的干燥果实具有辛辣香气，常用作中餐调味料和中草药，收载于《广西药用植物名录》，壮族民间常用其治疗脘腹胀满冷痛、反胃、呕吐、积食、痰饮、疟疾等。

笔者实验室所用的白花草果为2019年7月采于云南省文山州马关县草果研究所基地，图2.10是显微镜下的白花草果根状茎油细胞，图2.11是与之相应的油细胞的拉曼光谱。

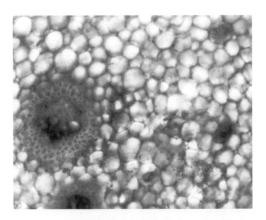

图2.10 显微镜下的白花草果根状茎油细胞

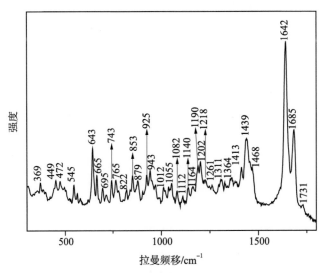

图2.11 白花草果根状茎油细胞的拉曼光谱

图2.11中出现了以下几种特征峰。

（1）香茅醛（CAS号：106-23-0）的特征峰，以香茅醛/油细胞为序对其进行归属：1725/1731cm⁻¹（C＝O伸缩振动），1674/1685cm⁻¹（C＝C伸缩振动），1382/1380cm⁻¹（CH₃对称弯曲振动）。

（2）较强的谱峰743cm⁻¹为百里香酚（CAS号：89-83-8）的环振动。

（3）芳樟醇（CAS号：78-70-6）的特征峰，以芳樟醇/油细胞为序对其进行归属：1676/1685cm⁻¹（重叠，C＝C伸缩振动），1644/1642cm⁻¹（C＝C伸缩振动），1454/1456cm⁻¹（CH₃/CH₂弯曲振动），1383/1380cm⁻¹（CH₃弯曲振动），1294/1297cm⁻¹（＝CH摇摆振动），805/804cm⁻¹（与—OH相关的振动）。

（4）柠檬烯的特征峰，以柠檬烯/油细胞为序对主要的峰进行归属：1678/1685cm⁻¹（环己烯的C＝C伸缩振动），1645/1642cm⁻¹（乙烯基的C＝C伸缩振动），1435/1439cm⁻¹（CH₃/CH₂弯曲振动），760/765cm⁻¹（环变形振动）。

（5）β-蒎烯的特征峰，以β-蒎烯/油细胞为序对其进行归属：1644/1642cm⁻¹（C＝C伸缩振动），1440/1439cm⁻¹（CH₃/CH₂弯曲振动），645/643cm⁻¹（环变形振动）。

（6）α-松油醇的特征峰，以α-松油醇/油细胞为序对其进行归属：1678/1685cm⁻¹（C＝C伸缩振动），1141/1140cm⁻¹（C＝C伸缩振动），757/765cm⁻¹（C＝C伸缩振动）。

（7）香芹酮的特征峰，以香芹酮/油细胞为序对其进行归属：1670/1685cm⁻¹（C＝C伸缩振动），1644/1642cm⁻¹（C＝C伸缩振动），680～700/695cm⁻¹（环变形振动）。

（8）α-蒎烯的特征峰，以α-蒎烯/油细胞为序对其进行归属：1659/1642 cm⁻¹（C＝C伸缩振动），1440/1439cm⁻¹（CH₃/CH₂弯曲振动），666/665cm⁻¹（环变形振动）。

可见，白花草果根状茎油细胞的主要成分为香茅醛、百里香酚、芳樟醇、柠檬烯、β-蒎烯、α-松油醇、香芹酮、α-蒎烯。

2.5 紫红砂仁

Amomum purpureorubrum S. Q. Tong & Y. M. Xia

紫红砂仁生长于海拔1600～1700米的山坡林下。

笔者实验室所用紫红砂仁为2018年5月采于西双版纳，图2.12是显微镜下的紫红砂仁根状茎油细胞，图2.13是与之对应的拉曼光谱。

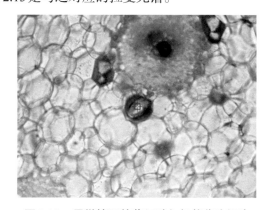

图2.12　显微镜下的紫红砂仁根状茎油细胞

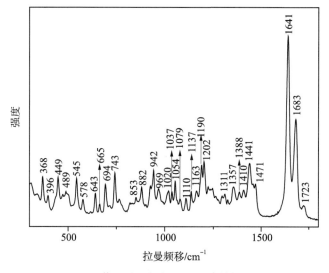

图2.13　紫红砂仁根状茎油细胞的拉曼光谱

图2.13中出现了以下几种特征峰。

（1）香茅醛的特征峰，以香茅醛/油细胞为序对其进行归属：1725/1723cm⁻¹（C＝O 伸缩振动），1674/1683cm⁻¹（C＝C 伸缩振动），1382/1388 cm⁻¹（CH₃对称弯曲振动）。

（2）较强的谱峰743cm⁻¹为百里香酚的环振动。

（3）芳樟醇的特征峰，以芳樟醇/油细胞为序对其进行归属：1676/1683cm⁻¹（重叠，C＝C 伸缩振动），1644/1641cm⁻¹（C＝C 伸缩振动），1454/1458cm⁻¹（CH₃/CH₂弯曲振动），1383/1388cm⁻¹（CH₃弯曲振动），1294/1297 cm⁻¹（＝CH摇摆振动），805/803cm⁻¹（与—OH相关的振动）。

（4）柠檬烯的特征峰，以柠檬烯/油细胞为序对主要的峰进行归属：1678/1683cm⁻¹（环己烯的C＝C 伸缩振动），1645/1641cm⁻¹（乙烯基的C＝C 伸缩振动），1435/1441cm⁻¹（CH₃/CH₂弯曲振动），760/766cm⁻¹（环变形振动）。

（5）β-蒎烯的特征峰，以β-蒎烯/油细胞为序对其进行归属：1644/1641cm⁻¹（C＝C 伸缩振动），1440/1441cm⁻¹（CH₃/CH₂弯曲振动），645/643cm⁻¹（环变形振动）。

（6）α-松油醇的特征峰，以α-松油醇/油细胞为序对其进行归属：1678/1683cm⁻¹（C＝C 伸缩振动），1141/1137cm⁻¹（C＝C 伸缩振动），757/766cm⁻¹（C＝C 伸缩振动）。

（7）香芹酮的特征峰，以香芹酮/油细胞为序对其进行归属：1670/1683cm⁻¹（C＝C 伸缩振动），1644/1641cm⁻¹（C＝C 伸缩振动），680～700/694cm⁻¹（环变形振动）。

（8）α-蒎烯的特征峰，以α-蒎烯/油细胞为序对其进行归属：1659/1641cm⁻¹（C＝C 伸缩振动），1440/1441cm⁻¹（CH₃/CH₂弯曲振动），666/665cm⁻¹（环变形振动）。

可见，紫红砂仁根状茎油细胞的主要成分为香茅醛、百里香酚、芳樟醇、柠檬烯、β-蒎烯、α-松油醇、香芹酮、α-蒎烯。

2.6　吕氏砂仁

Amomum repoeense pierre ex Gagnepain.

吕氏砂仁又称云南豆蔻，分布于我国云南南部，柬埔寨、泰国亦有分布。

笔者实验室所用的吕氏砂仁为2017年8月采于西双版纳，图2.14是显微镜下的吕氏砂仁根状茎油细胞，图2.15是与之相应的油细胞的拉曼光谱。

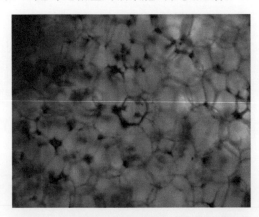

图2.14　显微镜下的吕氏砂仁根状茎油细胞

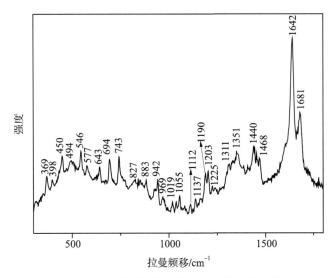

图2.15 吕氏砂仁根状茎油细胞的拉曼光谱

图2.15中出现了以下几种特征峰。

（1）较强的谱峰743cm^{-1}为百里香酚的环振动。

（2）芳樟醇的特征峰，以芳樟醇/油细胞为序对其进行归属：1676/1681cm^{-1}（重叠，C＝C伸缩振动），1644/1642cm^{-1}（C＝C伸缩振动），1454/1455cm^{-1}（CH$_3$/CH$_2$弯曲振动），1383/1388cm^{-1}（CH$_3$弯曲振动），1294/1300cm^{-1}（＝CH摇摆振动），805/808cm^{-1}（与—OH相关的振动）。

（3）柠檬烯的特征峰，以柠檬烯/油细胞为序对主要的峰进行归属：1678/1681cm^{-1}（环己烯的C＝C伸缩振动），1645/1642cm^{-1}（乙烯基的C＝C伸缩振动），1435/1440cm^{-1}（CH$_3$/CH$_2$弯曲振动），760/766cm^{-1}（环变形振动）。

（4）β-蒎烯的特征峰，以β-蒎烯/油细胞为序对其进行归属：1644/1642cm^{-1}（C＝C伸缩振动），1440/1440cm^{-1}（CH$_3$/CH$_2$弯曲振动），645/643cm^{-1}（环变形振动）。

（5）α-松油醇的特征峰，以α-松油醇/油细胞为序对其进行归属：1678/1681cm^{-1}（C＝C伸缩振动），1141/1137cm^{-1}（C＝C伸缩振动），757/759cm^{-1}（C＝C伸缩振动）。

（6）香芹酮的特征峰，以香芹酮/油细胞为序对其进行归属：1670/1681cm^{-1}（C＝C伸缩振动），1644/1642cm^{-1}（C＝C伸缩振动），680～700/694cm^{-1}（环变形振动）。

可见，吕氏砂仁根状茎油细胞的主要成分为百里香酚、芳樟醇、柠檬烯、β-蒎烯、α-松油醇、香芹酮。

2.7 草果

Amomum tsaoko

草果产于我国云南、四川、贵州、广西，为栽培或野生，老挝、越南亦有分布。果实药用有燥湿散寒、祛痰截疟的功效。药理实验表明其有镇痛、镇咳祛痰、降血糖、抗菌、抗肿瘤、抗氧化等作用。

　　笔者实验室所用草果为2019年7月采于云南省文山州马关县草果研究所基地，图2.16是显微镜下的草果根状茎油细胞，图2.17是与之对应的拉曼光谱。图2.18是显微镜下的草果种子油细胞，图2.19是与之对应的拉曼光谱。

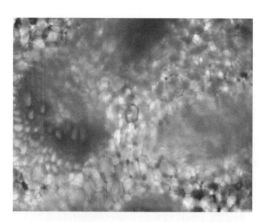

图2.16　显微镜下的草果根状茎油细胞

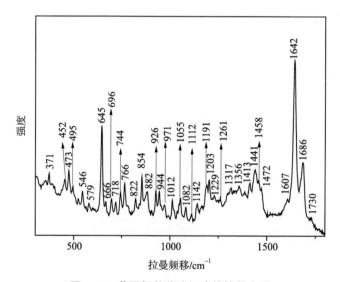

图2.17　草果根状茎油细胞的拉曼光谱

　　图2.17中出现了以下几种特征峰。

　　（1）香茅醛的特征峰，以香茅醛/油细胞为序对其进行归属：1725/1730cm^{-1}（C＝O伸缩振动），1674/1686cm^{-1}（C＝C伸缩振动），1382/1387cm^{-1}（CH$_3$对称弯曲振动）。

　　（2）中等强度的谱峰744cm^{-1}为百里香酚的环振动。

　　（3）芳樟醇的特征峰，以芳樟醇/油细胞为序对其进行归属：1676/1686cm^{-1}（重叠，C＝C伸缩振动），1644/1642cm^{-1}（C＝C伸缩振动），1454/1458cm^{-1}（CH$_3$/CH$_2$弯曲振动），1383/1387cm^{-1}（CH$_3$弯曲振动），1294/1298cm^{-1}（＝CH摇摆振动），805/803cm^{-1}（与—OH相关的振动）。

　　（4）柠檬烯的特征峰，以柠檬烯/油细胞为序对主要的峰进行归属：1678/1686cm^{-1}（环己烯的C＝C伸缩振动），1645/1642cm^{-1}（乙烯基的C＝C伸缩振动），1435/1441cm^{-1}

（CH₃/CH₂弯曲振动），760/766cm⁻¹（环变形振动）。

（5）β-蒎烯的特征峰，以β-蒎烯/油细胞为序对其进行归属：1644/1642cm⁻¹（C＝C伸缩振动），1440/1441cm⁻¹（CH₃/CH₂弯曲振动），645/645cm⁻¹（环变形振动）。

（6）α-松油醇的特征峰，以α-松油醇/油细胞为序对其进行归属：1678/1686cm⁻¹（C＝C伸缩振动），1141/1142cm⁻¹（C＝C伸缩振动），757/766cm⁻¹（C＝C伸缩振动）。

（7）香芹酮的特征峰，以香芹酮/油细胞为序对其进行归属：1670/1686cm⁻¹（C＝C伸缩振动），1644/1642cm⁻¹（C＝C伸缩振动），680～700/696cm⁻¹（环变形振动）。

（8）α-蒎烯的特征峰，以α-蒎烯/油细胞为序对其进行归属：1659/1642cm⁻¹（C＝C伸缩振动），1440/1441cm⁻¹（CH₃/CH₂弯曲振动），666/666cm⁻¹（环变形振动）。

可见，草果根状茎油细胞的主要成分为香茅醛、百里香酚、芳樟醇、柠檬烯、β-蒎烯、α-松油醇、香芹酮、α-蒎烯。

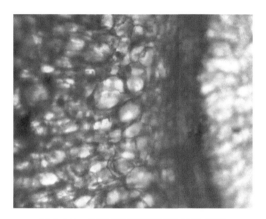

图2.18　显微镜下的草果种子油细胞

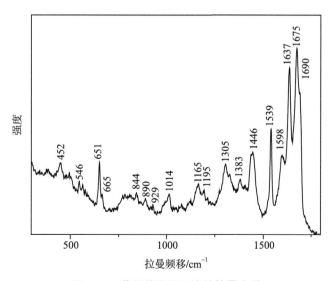

图2.19　草果种子油细胞的拉曼光谱

图2.19中出现了以下几种特征峰。

（1）香叶醇的特征峰，以香叶醇/油细胞为序对其进行归属：1671/1675cm⁻¹（C＝C

伸缩振动），1452/1446cm⁻¹（CH₃/CH₂弯曲振动）。

（2）1688cm⁻¹、1636cm⁻¹、1436cm⁻¹、1302cm⁻¹是［E］2-癸烯醛（trans-2-decanal，CAS号：3913-81-3）的特征峰，以［E］2-癸烯醛/油细胞为序对其进行归属：1688/1690cm⁻¹（C＝O伸缩振动），1636/1637cm⁻¹（C＝C伸缩振动），1436/1438cm⁻¹（C—H摇摆振动），1302/1305cm⁻¹（CH₂扭曲振动）。

（3）中等强度的峰651cm⁻¹是1,8-桉油精的特征峰，归属为环呼吸振动。

（4）1591cm⁻¹、1452cm⁻¹、1170cm⁻¹为α-水芹烯的特征峰，以α-水芹烯/油细胞为序对其进行归属：1591/1598cm⁻¹（C＝C伸缩振动），1452/1446cm⁻¹（CH₃/CH₂的弯曲振动），1170/1165cm⁻¹（面内C—H变形振动）。

（5）番红花酸（crocetin，CAS号：27876-94-4）的特征峰，以番红花酸/油细胞为序对其进行归属：1536/1539cm⁻¹（C＝C伸缩振动），1165/1165cm⁻¹（C—C伸缩振动），1020/1014cm⁻¹（C—C面内摇摆振动）。

可见，草果种子油细胞的主要成分为［E］2-癸烯醛、1,8-桉油精、香叶醇、α-水芹烯、番红花酸。

图2.20给出的是不同产地草果根状茎油细胞的拉曼光谱，a谱线为云南省文山州马关县草果研究所基地采集的草果根状茎油细胞的拉曼光谱（2019年7月采集），b谱线为云南省文山州西畴县法斗乡采集的草果根状茎油细胞的拉曼光谱（2019年7月采集）。从图中可看出，不同产地草果根状茎油细胞的拉曼光谱从峰形、峰位来看都非常相似，说明不同产地草果根状茎油细胞的主要成分相同，且各组分的相对含量基本相同。

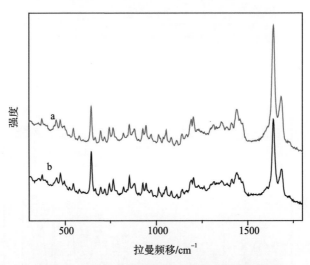

图2.20　不同产地草果根状茎油细胞的拉曼光谱

图2.21给出的是不同产地草果种子油细胞的拉曼光谱。a谱线为云南省文山州马关县草果研究所基地采集的草果种子油细胞的拉曼光谱（2019年7月采集）、b谱线为云南省文山州马关县马白镇采集的草果种子油细胞的拉曼光谱（2019年7月采集）、c谱线为云南省怒江州福贡县采集的草果种子油细胞的拉曼光谱（2018年11月采集）、d谱线为云南省文山州西畴县法斗乡采集的草果种子油细胞的拉曼光谱（2019年7月采集）、e谱线为云南省文山州麻栗坡县老山采集的草果种子油细胞的拉曼光谱（2019年7月采集）。

从图中可见，不同产地草果种子油细胞的拉曼光谱峰位基本相同，但峰形不同、峰的相对强度不同，说明不同产地草果种子油细胞的主要成分相同，但各组分的相对含量不同。

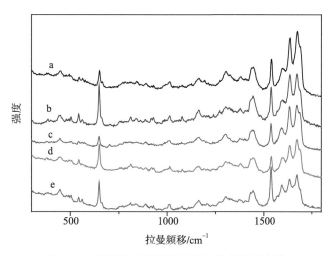

图2.21 不同产地草果种子油细胞的拉曼光谱

比较图2.20、图2.21可见，草果根状茎油细胞的主要成分与草果种子油细胞的主要成分完全不同。在草果种子中首次发现番红花酸。

2.8 砂仁

Amomum villosum Loureiro.

砂仁产于福建、广东、广西和云南，栽培或野生于山地阴湿之处。果实供药用，以广东阳春的品质最佳，主治脾胃气滞、宿食不消、腹痛痞胀、噎膈呕吐、寒泻冷痢。药理实验表明其有抗炎镇痛、调节免疫功能、扩张血管、抗血小板聚集、抗溃疡、止泻、促进肠胃蠕动、降血糖等作用。

笔者实验室所用砂仁为2019年7月采于云南省文山州麻栗坡县老山，图2.22是显微镜下的砂仁根状茎油细胞，图2.23是与之对应的油细胞拉曼光谱。

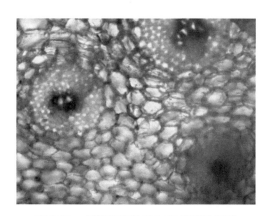

图2.22 显微镜下的砂仁根状茎油细胞

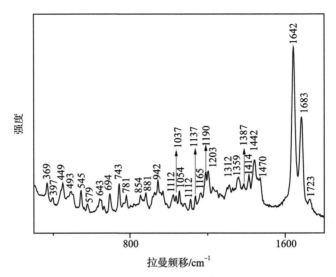

图2.23 砂仁根状茎油细胞的拉曼光谱

图2.23中出现了以下几种特征峰。

（1）较强的谱峰743cm^{-1}为百里香酚的环振动。

（2）芳樟醇的特征峰，以芳樟醇/油细胞为序对其进行归属：1676/1683cm^{-1}（重叠，C＝C伸缩振动），1644/1642cm^{-1}（C＝C伸缩振动），1454/1458cm^{-1}（CH$_3$/CH$_2$弯曲振动），1383/1387cm^{-1}（CH$_3$弯曲振动），1294/1300cm^{-1}（＝CH摇摆振动），805/803cm^{-1}（与—OH相关的振动）。

（3）柠檬烯的特征峰，以柠檬烯/油细胞为序对主要的峰进行归属：1678/1683cm^{-1}（环己烯的C＝C伸缩振动），1645/1642cm^{-1}（乙烯基的C＝C伸缩振动），1435/1442cm^{-1}（CH$_3$/CH$_2$弯曲振动），760/764cm^{-1}（环变形振动）。

（4）β-蒎烯的特征峰，以β-蒎烯/油细胞为序对其进行归属：1644/1642cm^{-1}（C＝C伸缩振动），1440/1442cm^{-1}（CH$_3$/CH$_2$弯曲振动），645/643cm^{-1}（环变形振动）。

（5）α-松油醇的特征峰，以α-松油醇/油细胞为序对其进行归属：1678/1683cm^{-1}（C＝C伸缩振动），1141/1137cm^{-1}（C＝C伸缩振动），757/764 cm^{-1}（C＝C伸缩振动）。

（6）香芹酮的特征峰，以香芹酮/油细胞为序对其进行归属：1670/1683cm^{-1}（C＝C伸缩振动），1644/1642cm^{-1}（C＝C伸缩振动），680～700/694cm^{-1}（环变形振动）。

（7）α-蒎烯的特征峰，以α-蒎烯/油细胞为序对其进行归属：1659/1642 cm^{-1}（C＝C伸缩振动），1440/1442cm^{-1}（CH$_3$/CH$_2$弯曲振动），666/665cm^{-1}（环变形振动）。

可见，砂仁根状茎油细胞的主要成分为百里香酚、芳樟醇、柠檬烯、β-蒎烯、α-松油醇、香芹酮、α-蒎烯。

2.9 结语

本章主要对豆蔻属植物菱味砂仁根状茎、野草果根状茎、九翅豆蔻根状茎、九翅豆蔻果种子、白花草果根状茎、紫红砂仁根状茎、吕氏砂仁根状茎、草果根状茎、草果种子、砂仁根状茎等的油细胞的拉曼光谱进行了研究。为便于比较，将各植物油细胞的主要成分列于表2.1中。

表 2.1　豆蔻属植物油细胞主要成分

	反式-2-十二烯醛	香叶醇	α-水芹烯	6-姜烯酚	[E]2-癸烯醛	1,8-桉油精	番红花酸	香茅醛	百里香酚	芳樟醇	柠檬烯	β-派烯	α-松油醇	香芹酮	α-派烯
荽味砂仁根状茎	Y														
野草果根状茎		Y	Y												
九翅豆蔻根状茎				Y				Y	Y	Y	Y	Y	Y	Y	
九翅豆蔻种子								Y	Y	Y	Y	Y	Y	Y	
白花草果根状茎								Y	Y	Y	Y	Y	Y	Y	Y
紫红砂仁根状茎								Y	Y	Y	Y	Y	Y	Y	Y
吕氏砂仁根状茎								Y	Y	Y	Y	Y	Y	Y	
草果根状茎								Y	Y	Y	Y	Y	Y	Y	Y
草果种子		Y	Y		Y	Y									
砂仁根状茎								Y	Y	Y	Y	Y	Y	Y	Y

　　从表2.1中可见，菱味砂仁根状茎油细胞中只有一种主要成分；野草果根状茎油细胞的主要成分与其他植物的油细胞不同；九翅豆蔻根状茎、九翅豆蔻种子油细胞的主要成分基本一致；白花草果根状茎、紫红砂仁根状茎及草果根状茎油细胞的主要成分基本一致，但草果根状茎油细胞的主要成分与草果种子油细胞的主要成分完全不一样；九翅豆蔻（根状茎和种子）、草果根状茎、吕氏砂仁根状茎、砂仁根状茎油细胞的共有成分有六种，分别为百里香酚、芳樟醇、柠檬烯、β-蒎烯、α-松油醇、香芹酮。九翅豆蔻与砂仁相比，成分中多了香茅醛；与草果根状茎相比，少了α-蒎烯。

　　图2.24为豆蔻属植物油细胞主要成分的分子结构。

反式-2-十二烯醛　　　香叶醇　　　α-水芹烯　　　6-姜烯酚

[E]2-癸烯醛　　　1,8-桉油精　　　番红花酸

香茅醛　　　百里香酚　　　芳樟醇　　　柠檬烯

β-蒎烯　　　α-松油醇　　　香芹酮　　　α-蒎烯

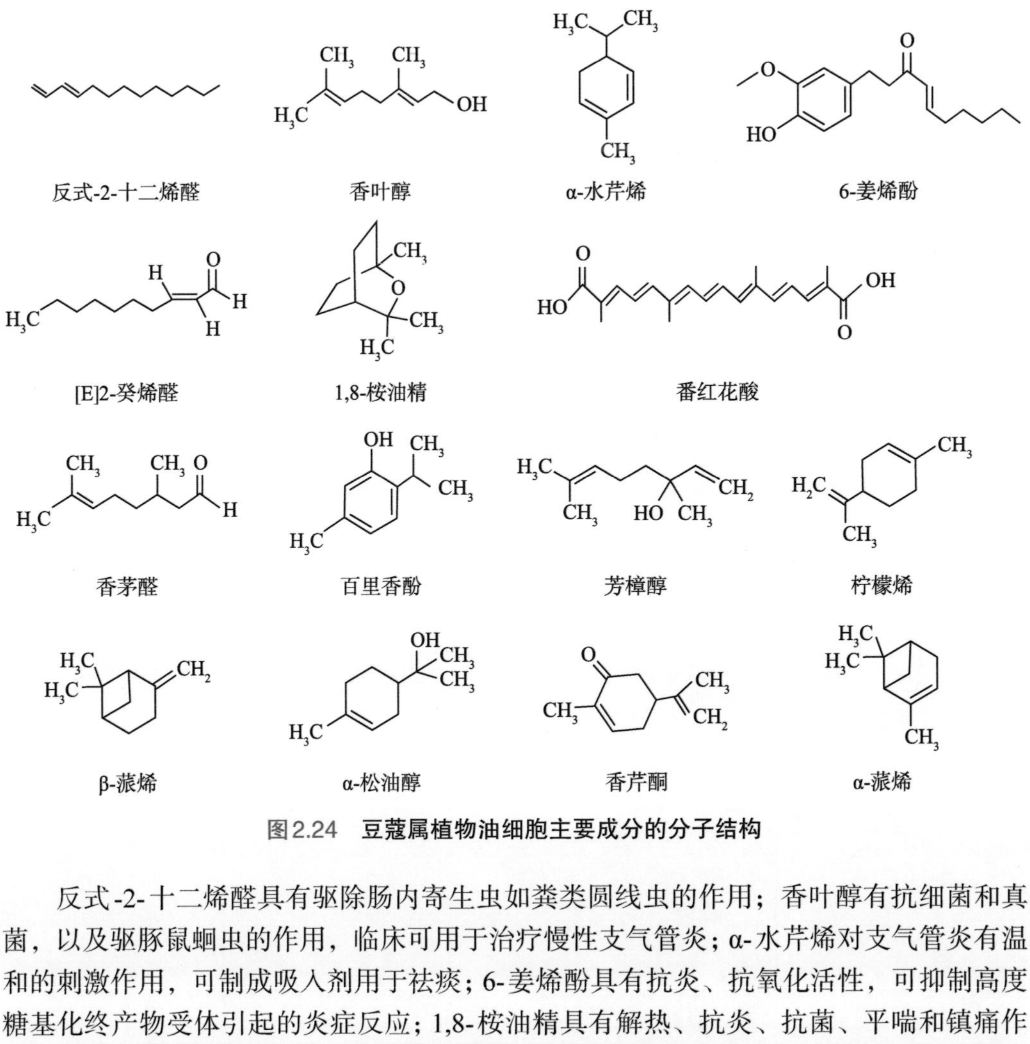

图2.24　豆蔻属植物油细胞主要成分的分子结构

　　反式-2-十二烯醛具有驱除肠内寄生虫如粪类圆线虫的作用；香叶醇有抗细菌和真菌，以及驱豚鼠蛔虫的作用，临床可用于治疗慢性支气管炎；α-水芹烯对支气管炎有温和的刺激作用，可制成吸入剂用于祛痰；6-姜烯酚具有抗炎、抗氧化活性，可抑制高度糖基化终产物受体引起的炎症反应；1,8-桉油精具有解热、抗炎、抗菌、平喘和镇痛作用；番红花酸具有利胆、降低胆固醇的作用；香茅醛有特异的气味，可作香料及昆虫驱避剂，具有抗真菌及抑制金黄色葡萄球菌、伤寒杆菌的作用；百里香酚可抑制白念珠菌、皮肤癣菌（如须毛癣菌、奥杜盎小孢子癣菌）的生长，有体外抗组胺作用及抗炎作用；芳樟醇具有抗细菌、抗真菌、抗病毒和镇静作用；柠檬烯具有镇咳、祛痰、抗菌作用，对肺炎双球菌、甲型链球菌、卡他双球菌、金黄色葡萄球菌有抑制作用；β-蒎烯具

有抗炎、祛痰和抗真菌作用；α-松油醇具有平喘作用，制成气雾剂可用于空气消毒、杀菌；香芹酮具有镇咳平喘作用，有抗真菌作用；α-蒎烯具有镇咳、祛痛、抗真菌作用。

参 考 文 献

程必强，喻学俭，丁靖垲，等，2001. 云南香料植物资源及其利用. 昆明：云南科技出版社，167-168.

江纪武，肖庆祥，1986. 植物药有效成分手册. 北京：人民卫生出版社.

司民真，李伦，张川云，等，2017. 毛姜花油细胞原位拉曼光谱研究. 激光生物学报，26（4）：298-302.

司民真，林映东，2019. 不同产地草果精油原位拉曼光谱研究. 楚雄师范学院学报，3：30-33.

覃兰芳，黄云峰，胡琦敏，等，2014. 拟草果挥发油的GC-MS分析. 中医药导报，20（11）：23-25.

童绍全，夏永梅，1985. 云南豆蔻属新植物. 云南植物研究，10（2）：205-211.

吴德邻，刘念，叶育石，2016. 中国姜科植物资源. 武汉：华中科技大学出版社，42-60.

中国科学院《中国植物志》编委会，1999. 中国植物志. 北京：科学出版社.

Baranska M，Schulz H，Kruger H，et al，2005. Chemotaxonomy of aromatic plants of the genus *Origanum* via vibrational spectroscopy. Anal Bioanal Chem，381：1241-1247.

Bock P，Gierlinger N，2019. Infrared and Raman spectra of lignin substructures：Coniferyl alcohol，abietin，and coniferyl aldehyde. J Raman Spectrosc，50（6）：1-15.

Forbes W M，Gallimore W A，Mansingh A，et al，2014. Eryngial（trans-2-dodecenal），a bioactive compound from *Eryngium foetidum*：its identification，chemical isolation，characterization and comparison with ivermectin in vitro. Parasitology，141（2）：269-278.

Jentzsch P V，Ramos L A，Ciobotă V，2015. Handheld Raman spectroscopy for the distinction of essential oils used in the cosmetics industry. Cosmetics，2：162-176.

Larkin P J，2011. Infrared and Raman Spectroscopy-Principles and Spectral Interpretation. New York：Elsevier，118-119.

Nonaka K，Bando M，Sakamoto E，et al，2019. 6-Shogaol inhibits advanced glycation end-products-induced IL-6 and ICAM-1 expression by regulating oxidative responses in human gingival fibroblasts. Molecules（Basel，Switzerland），24（20）：3705.

Schulz H，Baranska M，2007. Identification and quantification of valuable plant substances by IR and Raman spectroscopy. Vib Spectrosc，43：13-25.

Socrates G，2001. Infrared and Raman Characteristic Group Frequencies（Tables and Charts）. 3rd ed. New Jersey：John Wiley& Sons，125-129.

第3章

凹唇姜属
Boesenbergia

目前，全世界已发现82种凹唇姜属植物，分布于亚洲热带地区；我国有3种，均产于云南。

心叶凹唇姜

Boesenbergia maxwellii Mood & al.

心叶凹唇姜产于我国云南，缅甸、泰国、老挝亦有分布。

笔者实验室所用心叶凹唇姜为2015年8月采于西双版纳，图3.1是显微镜下的心叶凹唇姜根状茎油细胞，图3.2是在该油细胞上获得的拉曼光谱。

图3.2中出现了4-萜烯醇（CAS号：562-74-3）的特征峰，以4-萜烯醇/油细胞为序对其进行归属：1679/1679cm^{-1}（C＝C伸缩振动），887/880cm^{-1}、924/929cm^{-1}（C—H及CH_2摇摆振动），730/721cm^{-1}（环变形振动）。

图3.2中还出现了番红花酸（CAS号：27876-94-4）的特征峰，以番红花酸/油细胞为序对其进行归属：1536/1538cm^{-1}（C＝C伸缩振动），1165/1169cm^{-1}（C—C伸缩振动），1020/1036cm^{-1}（C—C面内摇摆振动）。

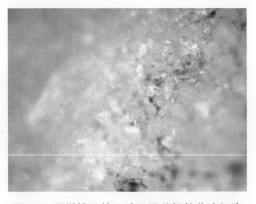

图3.1　显微镜下的心叶凹唇姜根状茎油细胞

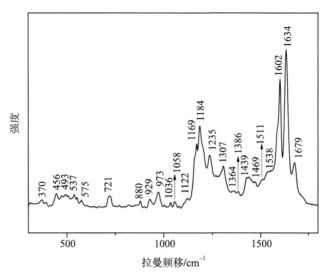

图3.2 心叶凹唇姜根状茎油细胞的拉曼光谱

图3.3是心叶凹唇姜油细胞与标样甲氧基肉桂酸乙酯（CAS号：1929-30-2）拉曼光谱的对比图，比较图3.3中a谱线、b谱线可见，图3.3a谱线中出现了甲氧基肉桂酸乙酯的谱峰，以甲氧基肉桂酸乙酯/油细胞为序，对谱峰位置相近的峰进行归属：1699/1679cm⁻¹（C＝O伸缩振动），1632/1634cm⁻¹（C＝C伸缩振动），1600/1602cm⁻¹（环伸缩振动），1572/-cm⁻¹（环伸缩振动），1423/1429cm⁻¹（重叠，环的C—H摇摆振动），1313/1307cm⁻¹（C—H摇摆振动），1301/- cm⁻¹（C—H摇摆振动），1249/1235cm⁻¹（C—O伸缩振动），1207/1184cm⁻¹（C—H摇摆振动），1171/1169cm⁻¹（C—H摇摆振动）、1116/1122cm⁻¹（CH₃摇摆振动）、866/863cm⁻¹（CH₃、C—O摇摆振动及环呼吸振动），846/846cm⁻¹（C—H摇摆振动），779/770cm⁻¹（环呼吸振动及C—C＝C弯曲振动），636/642cm⁻¹（环变形振动），550/552cm⁻¹（环呼吸振动及C—O—C弯曲振动），380/370cm⁻¹（O—C—C弯曲振动）。

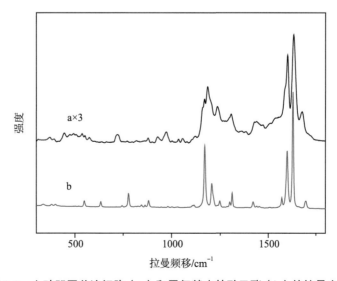

图3.3 心叶凹唇姜油细胞（a）和甲氧基肉桂酸乙酯（b）的拉曼光谱

可见心叶凹唇姜油细胞的主要成分为甲氧基肉桂酸乙酯、4-萜烯醇、番红花酸。图3.4是这三种成分的分子结构。

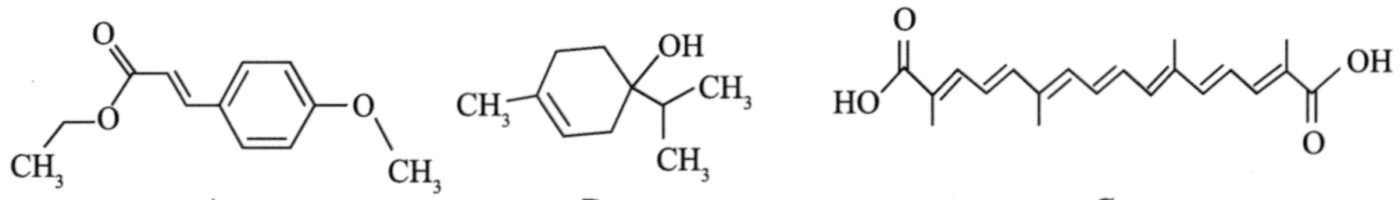

图3.4 凹唇姜属植物油细胞中主要成分的分子结构
A.甲氧基肉桂酸乙酯；B. 4-萜烯醇；C.番红花酸

甲氧基肉桂酸乙酯有广谱抗真菌作用，对深红色发癣菌、酿酒酵母及黑曲霉菌有很强活性；4-萜烯醇具有显著的平喘作用，对 *Bacillus thuringiensis* 有体外抑制作用；番红花酸具有利胆、降低胆固醇的作用。

参 考 文 献

江纪武，肖庆祥，1986. 植物药有效成分手册. 北京：人民卫生出版社，260-1031.

司民真，李伦，张川云，等，2019. 新鲜山奈、海南三七油细胞原位拉曼光谱研究. 热带作物学报，40（9）：1817-1822.

吴德邻，刘念，叶育石，2016. 中国姜科植物资源. 武汉：华中科技大学出版社，61-63.

Baranska M，Schulz H，Kruger H，et al，2005. Chemotaxonomy of aromatic plants of the genus *Origanum* via vibrational spectroscopy. Anal Bioanal Chem，381：1241-1247.

Schulz H，Baranska M，2007. Identification and quantification of valuable plant substances by IR and Raman spectroscopy. Vibrational Spectroscopy，43：13-25.

第4章

姜　黄　属
Curcuma

全世界约有80种姜黄属植物，分布于亚洲热带，从印度、东南亚、巴布亚新几内亚至澳大利亚北部；我国有14种，产于东南部、南部至西南部。本属植物具有抗肿瘤、抗炎、抗菌、抗凝血、抗氧化等作用。

4.1　大莪术

Curcuma elata Roxb

大莪术原产于缅甸。

笔者实验室所用大莪术为2017年8月采于西双版纳，在大莪术中发现两种不同的油细胞，图4.1是显微镜下的大莪术根状茎油细胞A，图4.2是与之对应的拉曼光谱。图4.3是显微镜下的大莪术根状茎油细胞B，图4.4是与之对应的拉曼光谱。

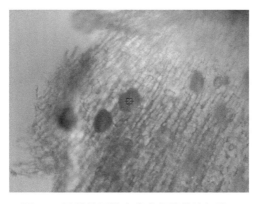

图4.1　显微镜下的大莪术根状茎油细胞A

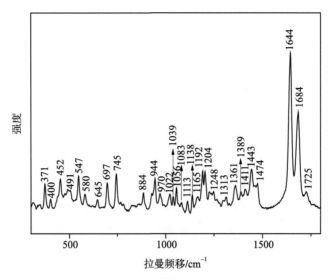

图4.2　大莪术根状茎油细胞A的拉曼光谱

图4.2中出现了以下几种特征峰。

（1）香茅醛的特征峰，以香茅醛/油细胞A为序对其进行归属：1725/1725cm⁻¹（C＝O伸缩振动），1674/1684cm⁻¹（C＝C伸缩振动），1382/1389cm⁻¹（CH₃对称弯曲振动）。

（2）较强的谱峰745cm⁻¹为百里香酚的环振动。

（3）芳樟醇的特征峰，以芳樟醇/油细胞A为序对其进行归属：1676/1684cm⁻¹（重叠，C＝C伸缩振动），1644/1644cm⁻¹（C＝C伸缩振动），1454/1457cm⁻¹（CH₃/CH₂弯曲振动），1383/1389cm⁻¹（CH₃弯曲振动），1294/1297cm⁻¹（＝CH摇摆振动），805/804cm⁻¹（与—OH相关的振动）。

（4）柠檬烯的特征峰，以柠檬烯/油细胞A为序对主要的峰进行归属：1678/1684cm⁻¹（环己烯的C＝C伸缩振动），1645/1644cm⁻¹（乙烯基的C＝C伸缩振动），1435/1443cm⁻¹（CH₃/CH₂弯曲振动），760/768cm⁻¹（环变形振动）。

（5）β-蒎烯的特征峰，以β-蒎烯/油细胞A为序对其进行归属：1644/1644cm⁻¹（C＝C伸缩振动），1440/1443cm⁻¹（CH₃/CH₂弯曲振动），645/645cm⁻¹（环变形振动）。

（6）α-松油醇的特征峰，以α-松油醇/油细胞A为序对其进行归属：1678/1684cm⁻¹（C＝C伸缩振动），1141/1138cm⁻¹（C＝C伸缩振动），757/768cm⁻¹（C＝C伸缩振动）。

（7）香芹酮的特征峰，以香芹酮/油细胞A为序对其进行归属：1670/1684cm⁻¹（C＝C伸缩振动），1644/1644cm⁻¹（C＝C伸缩振动），680～700/697cm⁻¹（环变形振动）。

（8）β-榄香烯（β-elemene，CAS号：515-13-9）的特征峰，以β-榄香烯/油细胞A为序对其进行归属：1642/1644cm⁻¹（C＝C伸缩振动）；1413/1411cm⁻¹（H—C—H＋C—C—H变角振动）；1003/1022cm⁻¹、886/884cm⁻¹（烯键上氢原子面外弯曲振动）。

可见，大莪术油细胞A的主要成分为香茅醛、百里香酚、芳樟醇、柠檬烯、β-蒎烯、α-松油醇、香芹酮、β-榄香烯。

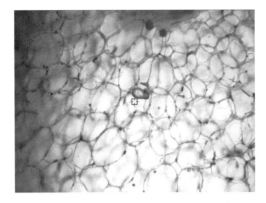

图4.3 显微镜下的大莪术根状茎油细胞B

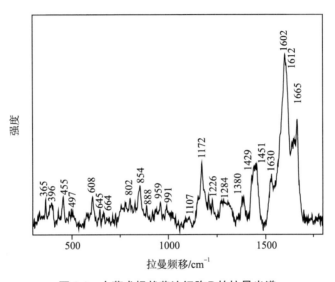

图4.4 大莪术根状茎油细胞B的拉曼光谱

图4.4中出现了以下特征峰。

（1）α-蒎烯的特征峰，以α-蒎烯/油细胞B为序对其进行归属：1659/1650cm^{-1}（C＝C伸缩振动），1440/1440cm^{-1}（CH$_3$/CH$_2$弯曲振动），666/664cm^{-1}（环变形振动）。

（2）β-蒎烯的特征峰，以β-蒎烯/油细胞B为序对其进行归属：1644/1642cm^{-1}（C＝C伸缩振动），1440/1441cm^{-1}（CH$_3$/CH$_2$弯曲振动），645/645cm^{-1}（环变形振动）。

（3）α-水芹烯的特征峰，以α-水芹烯/油细胞B为序对其进行归属：1591/1602cm^{-1}（C＝C伸缩振动），1452/1451cm^{-1}（CH$_3$/CH$_2$的弯曲振动），1170/1172cm^{-1}（面内C—H变形振动）。

（4）番红花酸的特征峰，以番红花酸/油细胞B为序对其进行归属：1536/1531cm^{-1}（C＝C伸缩振动），1165/1172cm^{-1}（C—C伸缩振动），1020/1023cm^{-1}（C—C面内摇摆振动）。

图4.5是大莪术根状茎油细胞B与莪术呋喃二烯酮（furanodienone，CAS号：24268-41-5）拉曼光谱的对比图。

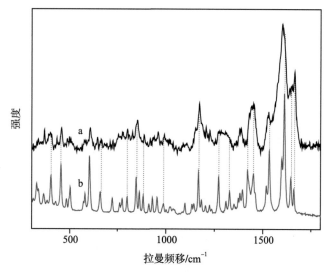

图4.5　大莪术根状茎油细胞B（a）和莪术呋喃二烯酮（b）的拉曼光谱

从图4.5中可见，两者很多峰的峰位及峰的相对强度都相同，现以莪术呋喃二烯酮/油细胞B为序对两者的主要谱峰进行归属：1662/1665cm^{-1}（C＝C伸缩振动），1612/1612cm^{-1}（C＝O伸缩振动），1599/1602cm^{-1}（呋喃环上的C＝C伸缩振动），1534/1531cm^{-1}（呋喃环的伸缩振动），1272/1274cm^{-1}（C—H摇摆振动），913/918cm^{-1}（C—O—C面内伸缩振动），604/608cm^{-1}（呋喃环的变形振动）。

大莪术根状茎油细胞B的主要成分为α-蒎烯、β-蒎烯、α-水芹烯、番红花酸、莪术呋喃二烯酮。

综上，大莪术根状茎油细胞的主要成分为α-蒎烯、β-蒎烯、α-水芹烯、番红花酸、香茅醛、百里香酚、芳樟醇、柠檬烯、α-松油醇、香芹酮、β-榄香烯、莪术呋喃二烯酮。

4.2　广西莪术

Curcuma Kwangsiensis S. G. lee & C. F. Lang

广西莪术产于广西、云南，为栽培或野生。其根状茎药用有行气化瘀、消积止痛和利胆退黄等功效。药理实验表明其有抗血栓、抗菌、抗肿瘤、抗氧化等作用。

笔者实验室所用广西莪术为2019年7月采于云南省文山州麻栗坡县老山。图4.6是显微镜下的广西莪术根状茎油细胞，图4.7是与之对应的拉曼光谱。

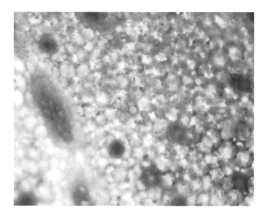

图4.6　显微镜下的广西莪术根状茎油细胞

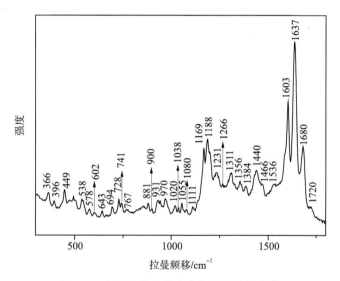

图4.7　广西莪术根状茎油细胞的拉曼光谱

图4.7中出现了以下特征峰。

（1）香茅醛的特征峰，以香茅醛/油细胞为序对其进行归属：1725/1720cm^{-1}（C＝O伸缩振动）、1674/1680cm^{-1}（C＝C伸缩振动）、1382/1384 cm^{-1}（CH$_3$对称弯曲振动）。

（2）姜烯的特征峰，以姜烯/油细胞为序对其进行归属：1674/1680cm^{-1}、1588/1603cm^{-1}（C＝C伸缩振动）；1467/1466cm^{-1}（CH$_2$剪切振动）；1369/1364cm^{-1}、1298/1294cm^{-1}、1092/1080cm^{-1}（C—H摇摆振动）；1192/1188cm^{-1}、1165/1169cm^{-1}（C—C伸缩振动）；1014/1020cm^{-1}、865/857cm^{-1}（骨架振动）；809/796cm^{-1}（CH$_2$扭曲振动）；750/741cm^{-1}、680/694cm^{-1}（CH$_2$摇摆振动）；920/931cm^{-1}（环变形振动）。

（3）β-石竹烯（β-caryophyllene）的特征峰，以β-石竹烯/油细胞为序对其进行归属：1679/1680cm^{-1}（C＝C伸缩振动）；1632/1637cm^{-1}（C＝C伸缩振动）；1446/1440cm^{-1}（CH$_3$/CH$_2$弯曲振动）；769/767cm^{-1}（烯烃C—H面外弯曲振动）、645/643cm^{-1}（环变形振动）。

（4）对伞花烃（p-cymene）的特征峰，以对伞花烃/油细胞为序对主要的峰进行归属：1613/1603cm^{-1}（C＝C伸缩振动）；1442/1440cm^{-1}（CH$_3$对称弯曲振动）；1378/1384cm^{-1}（CH$_3$反对称弯曲振动）；1208/1199cm^{-1}、1185/1188cm^{-1}（C—C伸缩振动）；817/820cm^{-1}、803/801cm^{-1}（环呼吸振动）。

（5）α-水芹烯的特征峰，以α-水芹烯/油细胞为序对其进行归属：1591/1603cm^{-1}（C＝C伸缩振动），1452/1453cm^{-1}（CH$_3$/CH$_2$的弯曲振动），1170/1169 cm^{-1}（面内C—H变形振动）。

（6）番红花酸的特征峰，以番红花酸/油细胞为序对其进行归属：1536/1539cm^{-1}（C＝C伸缩振动），1165/1169cm^{-1}（C—C伸缩振动），1020/1020cm^{-1}（C—C面内摇摆振动）。

（7）β-榄香烯的特征峰，以β-榄香烯/油细胞为序对其进行归属：1642/1637cm^{-1}（C＝C伸缩振动），1413/1411cm^{-1}（H—C—H＋C—C—H变角振动），1003/1020cm^{-1}、886/884cm^{-1}（烯键上氢原子面外弯曲振动）。

可见广西莪术根状茎油细胞的主要成分为香茅醛、姜烯、β-石竹烯、对伞花烃、α-水芹烯、番红花酸、β-榄香烯。

4.3　姜黄

Curcuma longa L.

我国南部至西南部及亚洲热带地区广泛栽培姜黄。其根状茎药用有破血行气、通经止痛的功效。药理实验表明姜黄具有催眠、抗炎、镇痛、抗肿瘤、抗菌、抗病毒、抗氧化、抗疲劳等功效。

笔者实验室所用姜黄为2017年8月采于西双版纳，图4.8是显微镜下的姜黄根状茎油细胞，图4.9是与之对应的拉曼光谱。

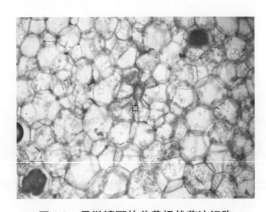

图4.8　显微镜下的姜黄根状茎油细胞

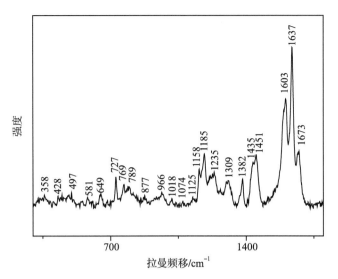

图4.9　姜黄根状茎油细胞的拉曼光谱

图4.9中出现了以下特征峰。

（1）α-水芹烯的特征峰，以α-水芹烯/油细胞为序对其进行归属：1591/1593cm⁻¹（C＝C伸缩振动），1452/1451cm⁻¹（CH₃/CH₂的弯曲振动），1170/1185cm⁻¹（重叠，面内C—H变形振动）。

（2）姜烯的特征峰，以姜烯/油细胞为序对其进行归属：1674/1673cm⁻¹、1588/1593cm⁻¹（C＝C伸缩振动）；1467/1451cm⁻¹（CH₂剪切振动）；1369/1368cm⁻¹、1298/1297cm⁻¹、1092/1099cm⁻¹（C—H摇摆振动）；1192/1185cm⁻¹、1165/1158cm⁻¹（C—C伸缩振动）；1014/1018cm⁻¹、865/857cm⁻¹（骨架振动）；809/806cm⁻¹（CH₂扭曲振动）；750/747cm⁻¹、680/684 cm⁻¹（CH₂摇摆振动）；920/921 cm⁻¹（环变形振动）。

（3）芳樟醇的特征峰，以芳樟醇/油细胞为序对其进行归属：1676/1673cm⁻¹（重叠，C＝C伸缩振动），1644/1637cm⁻¹（C＝C伸缩振动），1454/1451cm⁻¹（CH₃/CH₂弯曲振动），1383/1382cm⁻¹（CH₃弯曲振动），1294/1297cm⁻¹（＝CH摇摆振动），805/806cm⁻¹（与—OH相关的振动）。

（4）柠檬烯的特征峰，以柠檬烯/油细胞为序，对主要的峰进行归属：1678/1673cm⁻¹（环己烯的C＝C伸缩振动），1645/1637cm⁻¹（乙烯基的C＝C伸缩振动），1435/1435cm⁻¹（CH₃/CH₂弯曲振动），760/769cm⁻¹（环变形振动）。

（5）β-蒎烯的特征峰，以β-蒎烯/油细胞为序对其进行归属：1644/1637cm⁻¹（C＝C伸缩振动），1440/1435cm⁻¹（CH₃/CH₂弯曲振动），645/649cm⁻¹（环变形振动）。

（6）α-松油醇的特征峰，以α-松油醇/油细胞为序对其进行归属：1678/1673cm⁻¹（C＝C伸缩振动），1141/1143cm⁻¹（C＝C伸缩振动），757/769cm⁻¹（C＝C伸缩振动）。

（7）香芹酮的特征峰，以香芹酮/油细胞为序对其进行归属：1670/1673cm⁻¹（C＝C伸缩振动），1644/1637cm⁻¹（C＝C伸缩振动），680～700/698cm⁻¹（环变形振动）。

为考察不同产地、不同采集时间的姜黄油细胞的主要成分是否相同，图4.10中给出了2017年8月采于西双版纳（a）及2019年7月采于麻栗坡县老山（b）的姜黄油细胞拉曼光谱。

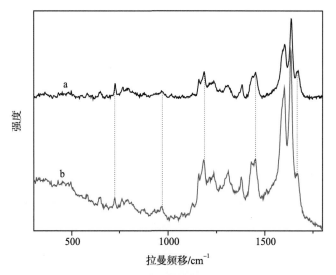

图 4.10　姜黄油细胞的拉曼光谱

从图 4.10 可见，西双版纳姜黄油细胞及麻栗坡县老山姜黄油细胞的拉曼光谱的峰形、峰位基本相同，由此可见两者油细胞的主要成分一致，与产地无关。

可见，姜黄根状茎油细胞的主要成分为 α- 水芹烯、姜烯、芳樟醇、柠檬烯、β- 蒎烯、α- 松油醇、香芹酮。

4.4　莪术

Curcuma phaeocaulis

莪术在福建、广东、广西、云南、四川有栽培，仅云南南部有野生莪术的报道。莪术根状茎药用有破瘀行气、消积止痛的功效。药理实验表明其有舒张血管、抗凝血、抗肿瘤、护肝、抗氧化、抗炎、增强记忆、延缓衰老等作用。

笔者实验室所用莪术为 2017 年 8 月采于西双版纳，图 4.11 是显微镜下的莪术根状茎油细胞，图 4.12 是与之对应的拉曼光谱。

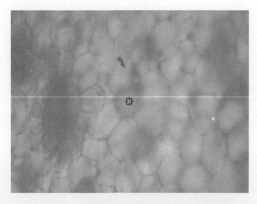

图 4.11　显微镜下的莪术根状茎油细胞

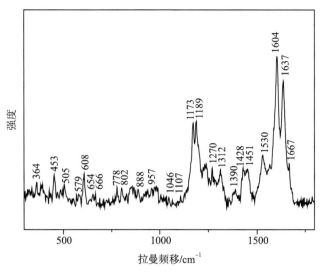

图4.12 莪术根状茎油细胞的拉曼光谱

图4.12中出现了以下几种特征峰。

（1）甲氧基肉桂酸乙酯的特征峰，以甲氧基肉桂酸乙酯/油细胞为序对谱峰位置相近的峰进行归属：1699/-cm^{-1}（C＝O伸缩振动），1631/1637cm^{-1}（C＝C伸缩振动），1600/1604cm^{-1}（环伸缩振动），1572/1566cm^{-1}（环伸缩振动），1423/1428cm^{-1}（环的C—H摇摆振动），1313/1312cm^{-1}（C—H摇摆振动），1301/1303cm^{-1}（C—H摇摆振动），1249/1254cm^{-1}（C—O伸缩振动），1207/1214cm^{-1}（C—H摇摆振动），1171/1173cm^{-1}（C—H摇摆振动），1116/1107cm^{-1}（CH$_3$摇摆振动），866/865cm^{-1}（CH$_3$、C—O摇摆振动及环呼吸振动），847/846cm^{-1}（C—H摇摆振动），779/778cm^{-1}（环呼吸振动及C—C＝C弯曲振动），636/639cm^{-1}（环变形振动），550/551cm^{-1}（环呼吸振动及C—O—C弯曲振动），380/384cm^{-1}（O—C—C弯曲振动）。

（2）对伞花烃的特征峰，以对伞花烃/油细胞为序，对主要的峰进行归属：1613/1604cm^{-1}（C＝C伸缩振动）；1442/1444cm^{-1}（CH$_3$对称弯曲振动）；1378/1376cm^{-1}（CH$_3$反对称弯曲振动）；1208/1214cm^{-1}、1185/1189cm^{-1}（C—C伸缩振动）；817/822cm^{-1}、803/802cm^{-1}（环呼吸振动）。

（3）番红花酸的特征峰，以番红花酸/油细胞为序对其进行归属：1536/1530cm^{-1}（C＝C伸缩振动），1165/1173cm^{-1}（C—C伸缩振动），1020/1020cm^{-1}（C—C面内摇摆振动）。

（4）香芹酮的特征峰，以香芹酮/油细胞为序对其进行归属：1670/1667cm^{-1}（C＝C伸缩振动），1644/1637cm^{-1}（C＝C伸缩振动），680～700/689cm^{-1}（环变形振动）。

（5）α-蒎烯的特征峰，以α-蒎烯/油细胞为序对其进行归属：1659/1667cm^{-1}（C＝C伸缩振动），1440/1444cm^{-1}（CH$_3$/CH$_2$弯曲振动），666/666cm^{-1}（环变形振动）。

（6）654cm^{-1}的峰为1,8-桉油精的特征峰。

（7）β-榄香烯的特征峰，以β-榄香烯/油细胞为序对其进行归属：1642/1637cm^{-1}（C＝C伸缩振动），1413/1412cm^{-1}（H—C—H＋C—C—H变角振动），1003/1006cm^{-1}、886/888cm^{-1}（烯键上氢原子面外弯曲振动）。

可见，莪术根状茎油细胞的主要成分为甲氧基肉桂酸乙酯、对伞花烃、番红花酸、香芹酮、α-蒎烯、1,8-桉油精、β-榄香烯。

4.5   川郁金

Curcuma sichuanensis X. X. Chen

川郁金产于四川、云南。其根状茎供药用，有活血止痛、行气解郁、清心凉血、疏肝利胆的功效。

笔者实验室所用川郁金为2017年8月采于西双版纳，图4.13是显微镜下的川郁金根状茎油细胞，图4.14是与之对应的拉曼光谱。

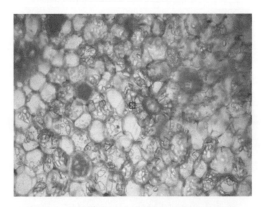

图4.13   显微镜下的川郁金根状茎油细胞

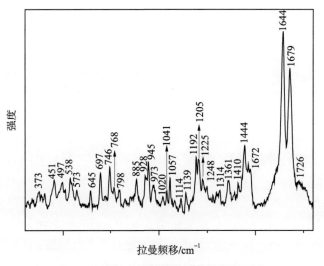

图4.14   川郁金根状茎油细胞的拉曼光谱

图4.14中出现了以下几种特征峰。

（1）芳樟醇的特征峰，以芳樟醇/油细胞为序对其进行归属：1676/1679cm^{-1}（重叠，C＝C伸缩振动），1644/1644cm^{-1}（C＝C伸缩振动），1454/1444cm^{-1}（CH$_3$/CH$_2$弯曲振

动), 1383/1392cm^{-1}（CH$_3$弯曲振动）, 1294/1297cm^{-1}（＝CH摇摆振动）, 805/798cm^{-1}（与—OH相关的振动）。

（2）柠檬烯的特征峰，以柠檬烯/油细胞为序对主要的峰进行归属，1678/1679cm^{-1}（环己烯的C＝C伸缩振动）, 1645/1644cm^{-1}（乙烯基的C＝C伸缩振动）, 1435/1444cm^{-1}（CH$_3$/CH$_2$弯曲振动）, 760/768cm^{-1}（环变形振动）。

（3）β-蒎烯的特征峰，以β-蒎烯/油细胞为序对其进行归属：1644/1644cm^{-1}（C＝C伸缩振动）, 1440/1444cm^{-1}（CH$_3$/CH$_2$弯曲振动）, 645/645cm^{-1}（环变形振动）。

（4）α-松油醇的特征峰，以α-松油醇/油细胞为序对其进行归属：1678/1679cm^{-1}（C＝C伸缩振动）, 1141/1139cm^{-1}（C＝C伸缩振动）, 757/746cm^{-1}（C＝C伸缩振动）。

（5）香芹酮的特征峰，以香芹酮/油细胞为序对其进行归属：1670/1679cm^{-1}（C＝C伸缩振动）, 1644/1644cm^{-1}（C＝C伸缩振动）, 680～700/697cm^{-1}（环变形振动）。

（6）β-石竹烯的特征峰，以β-石竹烯/油细胞为序对其进行归属：1679/1679cm^{-1}（C＝C伸缩振动）, 1632/1644cm^{-1}（C＝C伸缩振动）, 1446/1444（CH$_3$/CH$_2$弯曲振动）, 769/768cm^{-1}（烯烃C—H面外弯曲振动）、645/645cm^{-1}（环变形振动）。

（7）中等强度的峰746cm^{-1}为百里香酚的环振动。

（8）β-榄香烯的特征峰，以β-榄香烯/油细胞为序对其进行归属：1642/1644cm^{-1}（C＝C伸缩振动）,1413/1410cm^{-1}（H—C—H＋C—C—H变角振动）,1003/1006cm^{-1},886/885cm^{-1}（烯键上氢原子面外弯曲振动）。

可见，川郁金根状茎油细胞的主要成分为芳樟醇、柠檬烯、β-蒎烯、α-松油醇、香芹酮、β-石竹烯、百里香酚、β-榄香烯。

4.6　顶花莪术

Curcuma yunnanensis N. Liu & S. J. Chen

顶花莪术产于云南。

笔者实验室所用顶花莪术为2017年8月采于西双版纳，图4.15是显微镜下的顶花莪术根状茎油细胞，图4.16是与之对应的拉曼光谱。

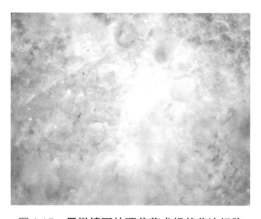

图4.15　显微镜下的顶花莪术根状茎油细胞

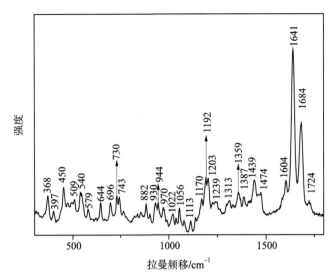

图4.16　顶花莪术根状茎油细胞的拉曼光谱

图4.16中出现了以下几种特征峰。

（1）香茅醛的特征峰，以香茅醛/油细胞为序对其进行归属：1725/1724cm^{-1}（C＝O伸缩振动），1674/1684cm^{-1}（C＝C伸缩振动），1382/1387cm^{-1}（CH$_3$对称弯曲振动）。

（2）中等强度的谱峰743cm^{-1}为百里香酚的环振动。

（3）芳樟醇的特征峰，以芳樟醇/油细胞为序对其进行归属：1676/1684cm^{-1}（重叠，C＝C伸缩振动），1644/1641cm^{-1}（C＝C伸缩振动），1454/1459cm^{-1}（CH$_3$/CH$_2$弯曲振动），1383/1387cm^{-1}（CH$_3$弯曲振动），1294/1297cm^{-1}（＝CH摇摆振动），805/808cm^{-1}（与—OH相关的振动）。

（4）柠檬烯的特征峰，以柠檬烯/油细胞为序，对主要的峰进行归属：1678/1684cm^{-1}（环己烯的C＝C伸缩振动），1645/1641cm^{-1}（乙烯基的C＝C伸缩振动），1435/1439cm^{-1}（CH$_3$/CH$_2$弯曲振动），760/766cm^{-1}（环变形振动）。

（5）β-蒎烯的特征峰，以β-蒎烯/油细胞为序对其进行归属：1644/1641cm^{-1}（C＝C伸缩振动），1440/1439cm^{-1}（CH$_3$/CH$_2$弯曲振动），645/644cm^{-1}（环变形振动）。

（6）α-松油醇的特征峰，以α-松油醇/油细胞为序对其进行归属：1678/1684cm^{-1}（C＝C伸缩振动），1141/1138cm^{-1}（C＝C伸缩振动），757/766cm^{-1}（C＝C伸缩振动）。

（7）香芹酮的特征峰，以香芹酮/油细胞为序对其进行归属：1670/1684 cm^{-1}（C＝C伸缩振动），1644/1641cm^{-1}（C＝C伸缩振动），680～700/696cm^{-1}（环变形振动）。

（8）α-水芹烯的特征峰，以α-水芹烯/油细胞为序对其进行归属：1591/1604cm^{-1}（C＝C伸缩振动），1452/1459cm^{-1}（CH$_3$/CH$_2$的弯曲振动），1170/1170cm^{-1}（重叠，面内C—H变形振动）。

（9）β-石竹烯的特征峰，以β-石竹烯/油细胞为序对其进行归属：1679/1684cm^{-1}（C＝C伸缩振动），1632/1641cm^{-1}（C＝C伸缩振动），1446/1439cm^{-1}（CH$_3$/CH$_2$弯曲振动），769/766cm^{-1}（烯烃C—H面外弯曲振动）、645/644cm^{-1}（环变形振动）。

（10）对伞花烃的特征峰，以对伞花烃/油细胞为序，对主要的峰进行归属。1613/1604cm^{-1}（C＝C伸缩振动），1442/1439cm^{-1}（CH$_3$对称弯曲振动），1378/1387cm^{-1}（CH$_3$反对称弯曲振动），1208/1203cm^{-1}、1185/1192cm^{-1}（C—C伸缩振动）；817/821cm^{-1}、

803/808cm^{-1}（环呼吸振动）。

（11）β-榄香烯的特征峰，以β-榄香烯/油细胞为序对其进行归属：1642/1641cm^{-1}（C=C伸缩振动）；1413/1412cm^{-1}（H—C—H＋C—C—H变角振动）；1003/1006cm^{-1}、886/882cm^{-1}（烯键上氢原子面外弯曲振动）。

可见，顶花莪术根状茎油细胞的主要成分为香茅醛、百里香酚、芳樟醇、柠檬烯、β-蒎烯、α-松油醇、香芹酮、α-水芹烯、β-石竹烯、对伞花烃、β-榄香烯。

4.7 印尼莪术

Curcuma zanthorrhiza Roxburgh.

印尼莪术原产于印度尼西亚，现广泛栽培于东南亚地区，我国广东、云南有引种及野生。其是马来西亚及印度尼西亚广泛应用的药用植物。药理实验表明其有抗炎、抗氧化、调节免疫、抗菌、护肝肾等作用。

笔者实验室所用印尼莪术为2017年8月采于西双版纳，在印尼莪术根状茎上获得两种明显不同的拉曼光谱。图4.17是显微镜下的印尼莪术根状茎油细胞A，图4.18是与之对

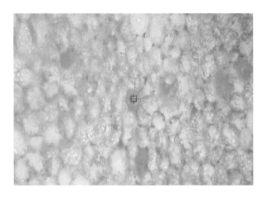

图4.17 显微镜下的印尼莪术根状茎油细胞A

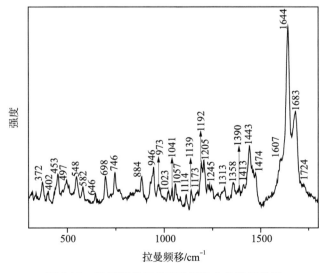

图4.18 印尼莪术根状茎油细胞A的拉曼光谱

应的拉曼光谱。图4.19是显微镜下的印尼莪术根状茎油细胞B，图4.20是与之对应的拉曼光谱。

图4.18中出现了以下几种特征峰。

（1）香茅醛的特征峰，以香茅醛/油细胞A为序对其进行归属：1725/1724cm^{-1}（C＝O伸缩振动），1674/1683cm^{-1}（C＝C伸缩振动），1382/1390cm^{-1}（CH$_3$对称弯曲振动）。

（2）中等强度的谱峰746cm^{-1}为百里香酚的环振动。

（3）芳樟醇的特征峰，以芳樟醇/油细胞A为序对其进行归属：1676/1683cm^{-1}（重叠，C＝C伸缩振动），1644/1644cm^{-1}（C＝C伸缩振动），1454/1456cm^{-1}（CH$_3$/CH$_2$弯曲振动），1383/1390cm^{-1}（CH$_3$弯曲振动），1294/1297cm^{-1}（＝CH摇摆振动），805/802cm^{-1}（与—OH相关的振动）。

（4）柠檬烯的特征峰，以柠檬烯/油细胞A为序，对主要的峰进行归属：1678/1683cm^{-1}（环己烯的C＝C伸缩振动），1645/1644cm^{-1}（乙烯基的C＝C伸缩振动），1435/1443cm^{-1}（CH$_3$/CH$_2$弯曲振动），760/765cm^{-1}（环变形振动）。

（5）β-蒎烯的特征峰，以β-蒎烯/油细胞A为序对其进行归属：1644/1644cm^{-1}（C＝C伸缩振动），1440/1443cm^{-1}（CH$_3$/CH$_2$弯曲振动），645/646cm^{-1}（环变形振动）。

（6）α-松油醇的特征峰，以α-松油醇/油细胞A为序进行归属：1678/1683cm^{-1}（C＝C伸缩振动），1141/1139cm^{-1}（C＝C伸缩振动），757/765cm^{-1}（C＝C伸缩振动）。

（7）香芹酮的特征峰，以香芹酮/油细胞A为序对其进行归属：1670/1683cm^{-1}（C＝C伸缩振动），1644/1644cm^{-1}（C＝C伸缩振动），680～700/698cm^{-1}（环变形振动）。

（8）α-水芹烯的特征峰，以α-水芹烯/油细胞A为序对其进行归属：1591/1607cm^{-1}（C＝C伸缩振动），1452/1456cm^{-1}（CH$_3$/CH$_2$的弯曲振动），1170/1173cm^{-1}（重叠，面内C—H变形振动）。

（9）β-石竹烯的特征峰，以β-石竹烯/油细胞A为序对其进行归属：1679/1683cm^{-1}（C＝C伸缩振动），1632/1644cm^{-1}（C＝C伸缩振动），1446/1443cm^{-1}（CH$_3$/CH$_2$弯曲振动），769/770cm^{-1}（烯烃C—H面外弯曲振动）、645/646cm^{-1}（环变形振动）。

（10）对伞花烃的特征峰，以对伞花烃/油细胞A为序，对主要的峰进行归属：1613/1607cm^{-1}（C＝C伸缩振动）；1442/1443cm^{-1}（CH$_3$对称弯曲振动）；1378/1390cm^{-1}（CH$_3$反对称弯曲振动）；1208/1205cm^{-1}、1185/1192cm^{-1}（C—C伸缩振动）；817/819cm^{-1}、803/802cm^{-1}（环呼吸振动）。

（11）β-榄香烯的特征峰，以β-榄香烯/油细胞A为序对其进行归属：1642/1644cm^{-1}（C＝C伸缩振动），1413/1412cm^{-1}（H—C—H＋C—C—H变角振动），1003/1006cm^{-1}、886/884cm^{-1}（烯键上氢原子面外弯曲振动）。

可见印尼莪术根状茎油细胞A的主要成分为香茅醛、百里香酚、芳樟醇、柠檬烯、β-蒎烯、α-松油醇、香芹酮、α-水芹烯、β-石竹烯、对伞花烃、β-榄香烯。

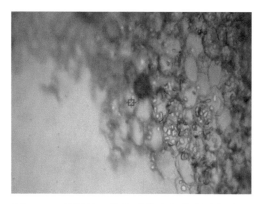

图4.19 显微镜下的印尼莪术根状茎油细胞B

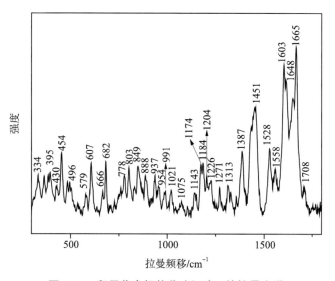

图4.20 印尼莪术根状茎油细胞B的拉曼光谱

图4.20中出现了以下几种特征峰。

（1）α-蒎烯的特征峰，以α-蒎烯/油细胞B为序对其进行归属：1659/1665cm^{-1}（C＝C伸缩振动），1440/1442cm^{-1}（CH$_3$/CH$_2$弯曲振动），666/666cm^{-1}（环变形振动）。

（2）α-水芹烯的特征峰，以α-水芹烯/油细胞B为序对其进行归属：1591/1603cm^{-1}（C＝C伸缩振动），1452/1451cm^{-1}（CH$_3$/CH$_2$的弯曲振动），1170/1174cm^{-1}（面内C—H变形振动）。

（3）番红花酸的特征峰，以番红花酸/油细胞B为序对其进行归属：1536/1528cm^{-1}（C＝C伸缩振动），1165/1174cm^{-1}（C—C伸缩振动），1020/1021cm^{-1}（C—C面内摇摆振动）。

（4）对伞花烃的特征峰，以对伞花烃/油细胞B为序，对主要的峰进行归属：1613/1603cm^{-1}（C＝C伸缩振动），1442/1439cm^{-1}（CH$_3$对称弯曲振动），1378/1387cm^{-1}（CH$_3$反对称弯曲振动），1208/1204cm^{-1}、1185/1184cm^{-1}（C—C伸缩振动），817/819cm^{-1}、803/803cm^{-1}（环呼吸振动）。

图4.21给出了印尼莪术根状茎油细胞B与莪术呋喃二烯酮（CAS号：24268-41-5）

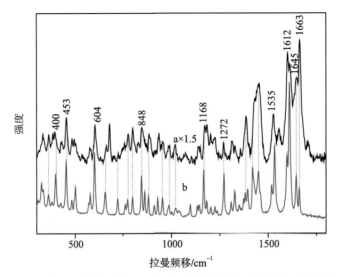

图4.21　印尼莪术根状茎油细胞B（a）和莪术呋喃二烯酮（b）的拉曼光谱

拉曼光谱。图中标出的峰位是莪术呋喃二烯酮的峰位。

从图4.21中可见，两者很多峰的峰位及峰的相对强度都相同，以莪术呋喃二烯酮/油细胞B为序对两者的主要谱峰进行归属：1663/1665cm^{-1}（C＝C伸缩振动），1612/1613cm^{-1}（C＝O伸缩振动），1599/1603cm^{-1}（呋喃环上的C＝C伸缩振动），1535/1528cm^{-1}（呋喃环的伸缩振动），1272/1271cm^{-1}（C—H摇摆振动），1168/1174cm^{-1}（C—O—C伸缩振动），604/607cm^{-1}（呋喃环的变形振动）。

图4.20中还出现了莪术呋喃二烯的拉曼光谱，图4.22给出印尼莪术根状茎油细胞B与莪术呋喃二烯（furanodiene，CAS号：19912-61-9）拉曼光谱，图中标出的是莪术呋喃二烯的峰位。

从图4.22中可见，两者很多峰的峰位及峰的相对强度都相同，以莪术呋喃

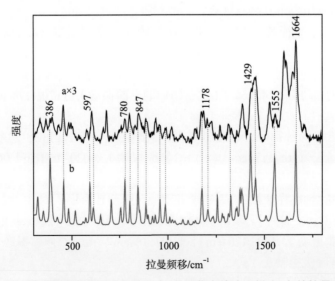

图4.22　印尼莪术根状茎油细胞B（a）和莪术呋喃二烯（b）的拉曼光谱

二烯/油细胞B为序对两者的主要谱峰进行归属:1664/1665cm^{-1}(C=C伸缩振动),1555/1558cm^{-1}(呋喃环的伸缩振动),1429/1432cm^{-1}(非呋喃环的伸缩振动),1178/1174cm^{-1}(C—O—C伸缩振动),597/607cm^{-1}(呋喃环的变形振动)。

印尼莪术根状茎油细胞B的主要成分为α-蒎烯、β-蒎烯、α-水芹烯、番红花酸、莪术呋喃二烯酮、莪术呋喃二烯。

综上,印尼莪术根状茎油细胞的主要成分为香茅醛、百里香酚、芳樟醇、柠檬烯、β-蒎烯、α-松油醇、香芹酮、α-水芹烯、β-石竹烯、对伞花烃、β-榄香烯、α-蒎烯、番红花酸、莪术呋喃二烯酮、莪术呋喃二烯。

4.8 结语

本章主要对姜黄属植物大莪术、广西莪术、姜黄、莪术、川郁金、顶花莪术、印尼莪术等植物根状茎油细胞的拉曼光谱进行了研究。为便于比较,将本章涉及的各植物根状茎油细胞的主要成分列于表4.1中。

从表4.1中可见,7种植物根状茎油细胞的主要成分各不相同,但有共有成分。共有成分最多的是大莪术与印尼莪术,达到12种:α-蒎烯、β-蒎烯、α-水芹烯、番红花酸、香茅醛、百里香酚、芳樟醇、柠檬烯、α-松油醇、香芹酮、β-榄香烯、莪术呋喃二烯酮;其次是顶花莪术与印尼莪术,达到11种:香茅醛、百里香酚、芳樟醇、柠檬烯、β-蒎烯、α-松油醇、香芹酮、α-水芹烯、β-石竹烯、对伞花烃、β-榄香烯;再次是大莪术与姜黄,达到8种:α-水芹烯、β-蒎烯、香茅醛、百里香酚、芳樟醇、柠檬烯、α-松油醇、香芹酮;川郁金与顶花莪术的共有成分也为8种:芳樟醇、柠檬烯、β-蒎烯、α-松油醇、香芹酮、β-石竹烯、百里香酚、β-榄香烯。除姜黄外,在其他几种植物中都检测到了β-榄香烯;在大莪术、广西莪术、莪术、印尼莪术中都检测到了番红花酸。

图4.23为姜黄属植物根状茎油细胞中主要成分的分子结构。

香茅醛具有抗真菌及抑制金黄色葡萄球菌、伤寒杆菌的作用;百里香酚可抑制白念珠菌、皮肤癣菌(如须毛癣菌、奥杜盎小孢子癣菌)的生长,有体外抗组胺作用,有明显的抗炎作用;芳樟醇具有抗细菌、抗真菌、抗病毒和镇静作用;柠檬烯具有镇咳、祛痰、抗真菌作用;β-蒎烯具有抗炎、祛痰和抗真菌作用;α-松油醇具有平喘作用,制成气雾剂可用于空气消毒、杀菌;香芹酮具有镇咳平喘作用,有抗真菌作用。β-榄香烯是榄香烯乳注射液的主成分,β-榄香烯为抗癌的有效成分,其抗癌机制主要为降低肿瘤细胞有丝分裂能力、诱发肿瘤细胞凋亡、抑制肿瘤细胞生长等。呋喃二烯酮能抑制结直肠癌细胞增殖、诱导细胞凋亡;姜烯具有体内外抑制人类直肠癌细胞生长的作用;最新研究表明β-石竹烯具有抗心肌梗死、保护心脏的作用;α-水芹烯对支气管炎有温和的刺激作用,可制成吸入剂用于祛痰;番红花酸具有利胆、降低胆固醇的作用;对伞花烃有防、杀昆虫和杀真菌作用,有明显祛痰作用;α-蒎烯具有镇咳、祛痛、抗真菌作用;甲氧基肉桂酸乙酯有广谱抗真菌作用,对深红色发癣菌、酿酒酵母及黑曲霉菌有高度活性;1,8-桉油精具有解热、抗炎、抗菌、平喘和镇痛作用;呋喃二烯可抑制人胃腺癌MGC-803细胞存活,并诱导其凋亡。

表 4.1 姜黄属植物根状茎油细胞主要成分

	香茅醛	百里香酚	芳樟醇	柠檬烯	β-蒎烯	α-松油醇	香芹酮	β-榄香烯	莪术呋喃二烯酮	姜烯	β-石竹烯	α-水芹烯	番红花酸	对伞花烃	α-蒎烯	甲氧基肉桂酸乙酯	1,8-桉油精	莪术呋喃二烯
大莪术	Y		Y	Y	Y	Y	Y	Y	Y			Y	Y		Y			
广西莪术	Y	Y		Y	Y			Y		Y	Y	Y	Y	Y				
姜黄	Y		Y	Y	Y	Y	Y			Y		Y						
莪术					Y		Y	Y	Y				Y	Y	Y	Y	Y	
川郁金	Y		Y	Y	Y	Y	Y	Y			Y							
顶花莪术	Y		Y	Y	Y	Y	Y	Y	Y		Y	Y		Y				
印尼莪术	Y		Y	Y	Y	Y	Y	Y	Y		Y	Y	Y	Y	Y			Y

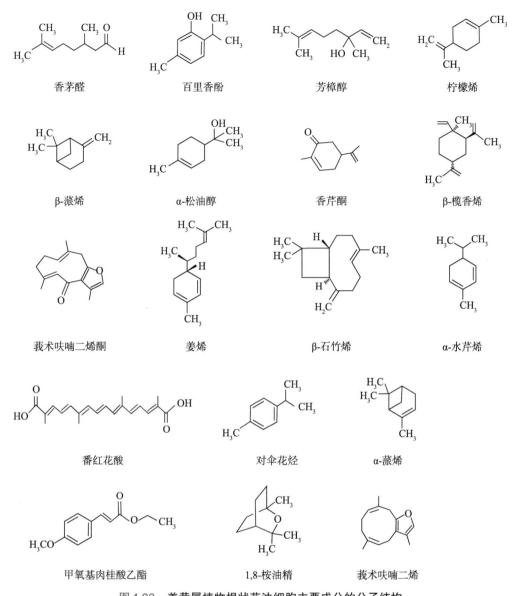

香茅醛　　　　　百里香酚　　　　　芳樟醇　　　　　柠檬烯

β-蒎烯　　　　　α-松油醇　　　　　香芹酮　　　　　β-榄香烯

莪术呋喃二烯酮　　　姜烯　　　　　β-石竹烯　　　　α-水芹烯

番红花酸　　　　　对伞花烃　　　　　α-蒎烯

甲氧基肉桂酸乙酯　　　1,8-桉油精　　　莪术呋喃二烯

图4.23　姜黄属植物根状茎油细胞主要成分的分子结构

参 考 文 献

郭健敏，陈雨，周云，等，2016. 呋喃二烯对人胃腺癌MGC-803细胞凋亡的诱导作用. 中国药理学
　　与毒理学杂志，30（3）：215-220.
胡皆汉，叶金星，程国宝，等，2001. β-榄香烯振动光谱的量子化学从头计算. 光谱学与光谱分析，
　　（2）：163-168.
江纪武，肖庆祥，1986. 植物药有效成分手册. 北京：人民卫生出版社.
江莹，密玉帅，王小琴，等，2018. 呋喃二烯酮对结直肠癌RKO细胞的促凋亡作用. 中国新药与临
　　床杂志，37（4）：223-228.

麻杰，陈娟，赵冰洁，等，2018. 抗癌药物β-榄香烯及其衍生物的研究进展. 中草药，49（5）：
　1184-1191.

司民真，李伦，张川云，等，2017. 毛姜花油细胞原位拉曼光谱研究. 激光生物学报，26（4）：298-
　302.

司民真，李伦，张川云，等，2019. 新鲜山柰、海南三七油细胞原位拉曼光谱研究. 热带作物学报，
　40（9）：1817-1822.

司民真，林映东，2019. 不同产地草果精油原位拉曼光谱研究. 楚雄师范学院学报，3：30-33.

司民真，张德清，李伦，等，2016. 姜油细胞原位拉曼光谱研究. 光谱学与光谱分析，36（11）：
　3578-3581.

吴德邻，刘念，叶育石，2016. 中国姜科植物资源. 武汉：华中科技大学出版社，64-75.

Baranska M，Schulz H，Kruger H，et al，2005. Chemotaxonomy of aromatic plants of the genus *Origa-num* via vibrational spectroscopy. Anal Bioanal Chem，381：1241-1247.

Chen H，Tang X，Liu T，et al，2019. Zingiberene inhibits in vitro and in vivo human colon cancer cell growth via autophagy induction，suppression of PI3K/AKT/mTOR pathway and caspase 2 deactivation. J BUON，24（4）：1470-1475.

Hanif M A，Nawaz H，Naz S，et al，2017. Raman spectroscopy for the characterization of different fractions of hemp essential oil extracted at 130℃ using steam distillation method. Spectrochim Acta A Mol Biomol Spectrosc，182：168-174.

Jentzsch P V，Ramos L A，Ciobotă V，2015. Handheld Raman spectroscopy for the distinction of essential oils used in the cosmetics industry. Cosmetics，2：162-176.

Schulz H，Baranska M，2007. Identification and quantification of valuable plant substances by IR and Raman spectroscopy. Vibrational Spectroscopy，43：13-25.

Siatis N G，Kimbaris A C，Pappas C S，et al，2005. Rapid method for simultaneous quantitative determination of four major essential oil components from oregano（*Oreganum* sp.）and thyme（*Thymus* sp.）using FT-Raman spectroscopy. J Agric Food Chem，53：202-206.

Socrates G，2001. Infrared and Raman Characteristic Group Frequencies（Tables and Charts）. 3rd ed. New Jersey：John Wiley& Sons，LTD：125-129.

Younis N S，Mohamed M E，2019. β-caryophyllene as a potential protective agent against myocardial injury：the role of toll-like receptors. Molecules，24（10）：1929.

第5章

茴香砂仁属
Etlingera Giseke

目前，全世界已发现约70种茴香砂仁属植物，分布于亚洲热带及澳大利亚北部；我国本土及引入栽培的共4种。

5.1 瓷玫瑰

Etlingera elatior（Jack）R. M. Smith

瓷玫瑰，又称火炬姜，原产于印度尼西亚、马来西亚及泰国，亚洲热带地区广泛栽培；我国云南有引种。

笔者实验室所用瓷玫瑰为2017年8月采于西双版纳，图5.1是显微镜下的瓷玫瑰根状茎油细胞，图5.2是在该油细胞上获得的拉曼光谱。

图5.2中出现了以下几种特征峰。

（1）壬酸（nonanoic acid，CAS号：112-05-0）的特征峰，以壬酸/油细胞为序对其进行归属：1660/1637cm^{-1}（重叠，C＝O对称伸缩振动），1444/1440cm^{-1}（CH$_2$弯曲振动），1305/1302cm^{-1}（CH$_2$扭曲振动），1119/1128cm^{-1}（C—C—C面内伸缩振动），1078/1081cm^{-1}，1067/1065cm^{-1}（C—C—C面外伸缩振动），868/871cm^{-1}（O—H面外变形振动）。

（2）α-蒎烯（CAS号：80-56-8）的特征峰，以α-蒎烯/油细胞为序对其进行归属：1662/1637cm^{-1}（重叠）（C＝C伸缩振动），667/669cm^{-1}（环的变形振动）。

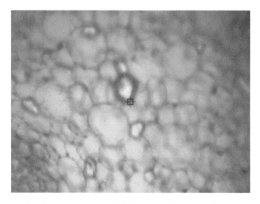

图5.1　显微镜下的瓷玫瑰根状茎油细胞

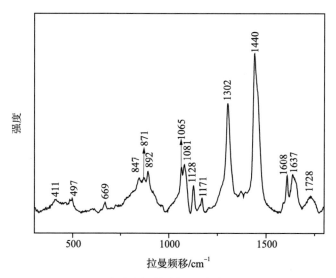

图5.2　瓷玫瑰根状茎油细胞的拉曼光谱

（3）α-松油烯（α-terpinene，CAS号：99-86-5）的特征峰，以α-松油烯/油细胞为序对其进行归属：1611/1608cm^{-1}（环的C＝C伸缩振动），1210/1207cm^{-1}、879/871cm^{-1}、753/748cm^{-1}（环变形振动）。

可见，瓷玫瑰根状茎油细胞的主要成分为壬酸、α-蒎烯、α-松油烯。

5.2　茴香砂仁

Etlingera yunnanensis（T. L. Wu & S. J. chen）R. M. Smith

茴香砂仁产于云南西双版纳，其根状茎药用有消瘀、开胃的功效。其是西双版纳的一种土著植物，也是傣药品种之一（傣药名为麻娘布），以根状茎入药治疗小便热涩疼痛、胃脘胀痛、恶心呕吐、不思饮食、腹泻、中暑。

笔者实验室所用茴香砂仁为2015年8月采于西双版纳，图5.3是显微镜下的茴香砂仁根状茎油细胞，图5.4是与之对应的拉曼光谱。

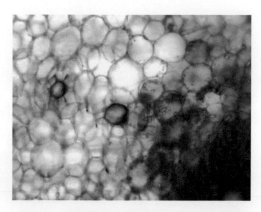

图5.3　显微镜下的茴香砂仁根状茎油细胞

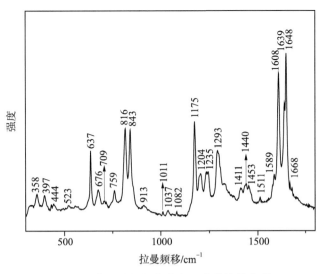

图5.4 茴香砂仁根状茎油细胞的拉曼光谱

图5.5是茴香砂仁根状茎油细胞的拉曼光谱与4-烯丙基苯甲醚（CAS号：140-67-0）标样的拉曼光谱对比，从图中可见，两者峰形、峰位都相同。

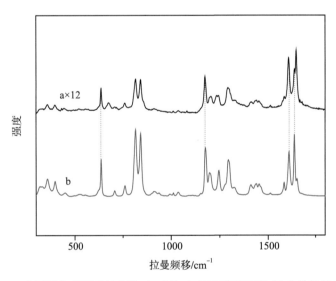

图5.5 茴香砂仁根状茎油细胞（a）和4-烯丙基苯甲醚（b）的拉曼光谱

以4-烯丙基苯甲醚/油细胞为序对其谱峰进行归属：1640/1648cm^{-1}（C=C伸缩振动，CH$_2$剪切振动），1611/1608cm^{-1}（C=C伸缩振动），1413/1411cm^{-1}（C=C伸缩振动，C—H摇摆振动），1585/1589cm^{-1}、1295/1293cm^{-1}、1013/1011cm^{-1}、844/843cm^{-1}、708/709cm^{-1}、638/637cm^{-1}（环的变形振动），1512/1512cm^{-1}、1455/1453cm^{-1}（CH$_3$伞形振动），1441/1440cm^{-1}（CH$_2$剪切振动），1198/1204cm^{-1}（C—C伸缩振动），1177/1175cm^{-1}（C—H摇摆振动），817/816cm^{-1}（环呼吸振动），761/759cm^{-1}、450/444cm^{-1}、359/358cm^{-1}（骨架振动），524/523cm^{-1}（CH$_2$扭曲振动）。

可见，茴香砂仁根状茎油细胞的主要成分为4-烯丙基苯甲醚。

5.3　结语

本章研究了茴香砂仁属的两种植物（瓷玫瑰与茴香砂仁）根状茎油细胞的主要成分，得出瓷玫瑰根状茎油细胞的主要成分为壬酸、α-蒎烯、α-松油烯，茴香砂仁根状茎油细胞的主要成分为4-烯丙基苯甲醚。

它们的分子结构如图5.6所示。

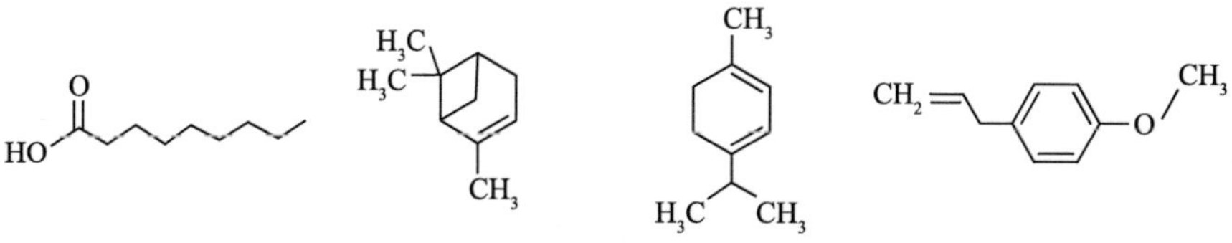

图5.6　茴香砂仁属植物根状茎油细胞主要成分的分子结构

壬酸具有除草、杀虫和杀菌、拒食活性，并且有广谱、低毒、低残留的性质；α-蒎烯具有镇咳、祛痛、抗真菌作用；α-松油烯具有抗氧化及抗菌活性；4-烯丙基苯甲醚有升白细胞、抗菌、解痉、镇静等作用，对肿瘤患者化疗和放疗所致的白细胞减少症有疗效。

参 考 文 献

国家中医药管理局《中华本草》编委会，2005. 中华本草：傣药卷. 上海：上海科学技术出版社，173.

江纪武，肖庆祥，1986. 植物药有效成分手册. 北京：人民卫生出版社，719-832.

刘婕，李良德，姜春来，等，2012. 生物源除草剂壬酸对非耕地杂草的防治作用. 中国农学通报，28（27）：246-249.

刘悦，张真，吴伟，等，2011. 壬酸对云南木蠹象成虫的拒食作用. 中国森林病虫，30（3）：9，13-15.

司民真，张德清，李伦，等，2018. 姜科植物长柄山姜及茴香砂仁精油原位拉曼光谱研究. 光谱学与光谱分析，38（2）：448-453.

吴德邻，刘念，叶育石，2016. 中国姜科植物资源. 武汉：华中科技大学出版社，77-82.

张小利，崔建臣，姚丹丹，等，2018. 植物源壬酸水剂对三裂叶豚草的防除效果. 植物保护，44（2）：227-230.

de Morais Oliveira-Tintino C D，Tintino S R，Limaverde P W，et al，2018. Inhibition of the essential oil from Chenopodium ambrosioides L and α-terpinene on the NorA efflux-pump of Staphylococcus aureus. Food Chem，262：72-77.

Hanif M A，Nawaz H，Naz S，et al，2017. Raman spectroscopy for the characterization of different fractions of hemp essential oil extracted at 130℃ using steam distillation method. Spectrochim Acta A Mol Biomol Spectrosc，182：168-174.

Jang Y W，Jung J Y，Lee I K，et al，2012. Nonanoic acid，an antifungal compound from *hibiscus syria-*

cus Ggoma. Mycobiology，40（2）：145-146.

Jentzsch P V，Ramos L A，Ciobotă V，2015. Handheld Raman spectroscopy for the distinction of essential oils used in the cosmetics industry. Cosmetics，2：162-176.

Larkin P J，2011. Infrared and Raman Spectroscopy-Principles and Spectral Interpretation. New York：Elsevier，117-133.

Limaverde P W，Campina F F，da Cunha F A B，et al，2017. Inhibition of the TetK efflux-pump by the essential oil of Chenopodium ambrosioides L. and α-terpinene against Staphylococcus aureus IS-58. Food Chem Toxicol，109（Pt 2）：957-961.

Quiroga P R，Nepote V，Baumgartner M T，2019. Contribution of organic acids to α-terpinene antioxidant activity. Food Chem，277：267-272.

第6章

舞花姜属
Globba Linn.

舞花姜属植物约有100种，分布于亚洲热带地区及巴布亚新几内亚。我国已发现有4种，其中3种可供药用。

6.1　峨眉舞花姜

Globba emeiensis Z. Y. Zhu

峨眉舞花姜产于四川峨眉山。全草药用有解表止痛、通经行气的功效。笔者实验室所用峨眉舞花姜为2019年7月采于云南省文山州西畴县，图6.1是显微镜下的峨眉舞花姜根状茎油细胞，图6.2是在该油细胞上获得的拉曼光谱。

图6.2中出现了以下几种特征峰。

（1）香茅醛的特征峰，以香茅醛/油细胞为序对其进行归属：1725/1724cm^{-1}（C＝O伸缩振动），1674/1681cm^{-1}（C＝C伸缩振动），1382/1389cm^{-1}（CH$_3$对称弯曲振动）。

（2）较强的谱峰743cm^{-1}为百里香酚的环振动。

（3）芳樟醇的特征峰，以芳樟醇/油细胞为序对其进行归属：1676/1681cm^{-1}（C＝C伸缩振动），1644/1642cm^{-1}（C＝C伸缩振动），1454/1460cm^{-1}（CH$_3$/CH$_2$弯曲振动），1383/1389cm^{-1}（CH$_3$弯曲振动），1294/1311cm^{-1}（＝CH摇摆振动），805/-cm^{-1}（与—OH相关的振动）。

（4）柠檬烯的特征峰，以柠檬烯/油细胞为序，对主要的峰进行归属：1678/1681cm^{-1}（环己烯的C＝C伸缩振动），1645/1642cm^{-1}（乙烯基的C＝C伸缩振动），1435/1441cm^{-1}

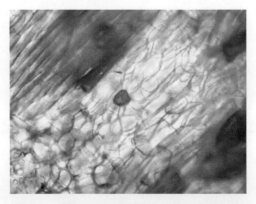

图6.1　显微镜下的峨眉舞花姜根状茎油细胞

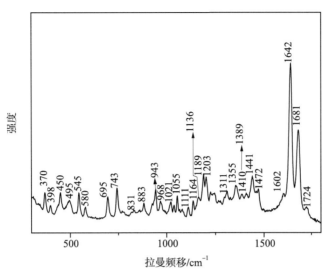

图6.2 峨眉舞花姜根状茎油细胞的拉曼光谱

（CH₃/CH₂弯曲振动），760/770cm⁻¹（环变形振动）。

（5）α-松油醇的特征峰，以α-松油醇/油细胞为序对其进行归属：1678/1681cm⁻¹（C＝C伸缩振动），1141/1141cm⁻¹（C＝C伸缩振动），757/743cm⁻¹（C＝C伸缩振动）。

（6）β-榄香烯的特征峰，以β-榄香烯/油细胞为序对其进行归属：1642/1642cm⁻¹（C＝C伸缩振动），1413/1410cm⁻¹（H—C—H＋C—C—H变角振动），1003/1021cm⁻¹，886/883cm⁻¹（烯键上氢原子面外弯曲振动）。

可见，峨眉舞花姜油细胞的主要成分为香茅醛、百里香酚、芳樟醇、柠檬烯、α-松油醇、β-榄香烯。

6.2 毛舞花姜
Globba marantiana linn

毛舞花姜产于我国湖南、贵州、四川、云南，泰国、柬埔寨、老挝也有分布。全草药用，有温中散寒、祛风活血的功效；根状茎能开胃健脾、消肿止痛。

笔者实验室所用毛舞花姜为2015年8月采于西双版纳，图6.3是显微镜下的毛舞花姜根状茎油细胞，图6.4是在该油细胞上获得的拉曼光谱。

图6.4中出现了甲氧基肉桂酸乙酯的谱峰，以甲氧基肉桂酸乙酯/油细胞为序对谱峰位置相近的峰进行归属：1699/1684cm⁻¹（C＝O伸缩振动），1632/1638cm⁻¹（C＝C伸缩振动），1600/1604cm⁻¹（环的伸缩振动），1572/1561cm⁻¹（环的伸缩振动），1423/1442cm⁻¹（重叠，环的C—H摇摆振动），1313/1312cm⁻¹（C—H摇摆振动），1301/-cm⁻¹（C—H摇摆振动），1249/1238cm⁻¹（C—O伸缩振动），1207/1189cm⁻¹（C—H摇摆振动），1171/1171cm⁻¹（C—H摇摆振动），1116/- cm⁻¹（CH₃摇摆振动），866/859cm⁻¹（CH₃、C—O摇摆振动及环呼吸振动），846/859cm⁻¹（C—H摇摆振动），779/769cm⁻¹（环呼吸振动及C—C＝C弯曲振动），636/645cm⁻¹（环变形振动），550/548cm⁻¹（环呼吸振动及C—O—C弯曲振动），380/372cm⁻¹（O—C—C弯曲振动）。

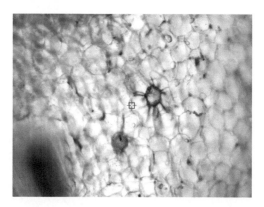

图6.3 显微镜下的毛舞花姜根状茎油细胞

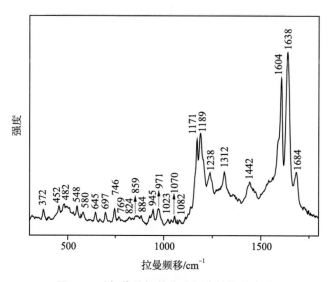

图6.4 毛舞花姜根状茎油细胞的拉曼光谱

图6.4中还出现了β-蒎烯的特征峰，以β-蒎烯/油细胞为序对其进行归属：1644/1638cm^{-1}（C＝C伸缩振动），1458/1461cm^{-1}（CH$_3$/CH$_2$ 弯曲振动），645/645cm^{-1}（环变形振动）。

可见毛舞花姜油细胞的主要成分为甲氧基肉桂酸乙酯和β-蒎烯。

6.3 双翅舞花姜

Globba schomburgkii Hook. f.

双翅舞花姜产于云南南部，中南半岛亦有分布。

笔者实验室所用双翅舞花姜为2015年8月采于西双版纳，图6.5是显微镜下的双翅舞花姜根状茎油细胞，图6.6是在该油细胞上获得的拉曼光谱。

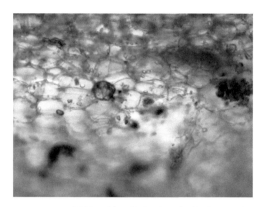

图6.5　显微镜下的双翅舞花姜根状茎油细胞

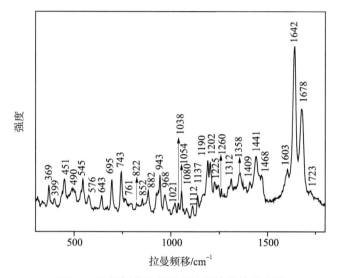

图6.6　双翅舞花姜根状茎油细胞的拉曼光谱

图6.6与图6.2非常相似，图6.7给出两者的比较。图6.7中的a谱线是峨眉舞花姜的拉曼光谱，图6.7中的 b谱线是双翅舞花姜的拉曼光谱，两者的峰形、峰位都非常相似，只是双翅舞花姜的拉曼光谱中明显多出643cm^{-1}，而该峰来源于β-蒎烯的特征峰，以β-蒎烯/油细胞为序对其进行归属：1644/1642cm^{-1}（C＝C伸缩振动），1458/1468cm^{-1}（CH$_3$/CH$_2$ 弯曲振动），645/643cm^{-1}（环变形振动）。说明双翅舞花姜油细胞的主要成分与峨眉舞花姜相同，都为香茅醛、百里香酚、芳樟醇、柠檬烯、α-松油醇、β-榄香烯，此外多了β-蒎烯。

为考察双翅舞花姜移栽后其油细胞主要成分是否会发生变化，笔者实验室做了实验，图6.8为2015年8月移栽楚雄、2019年8月采集的双翅舞花姜与原产双翅舞花姜油细胞的拉曼光谱。

比较图6.8的a、b谱线可见，除a谱线中1603cm^{-1}的这个峰在b谱线中消失外，其余的峰形、峰位都相同，说明移栽后油细胞的主要成分不变。

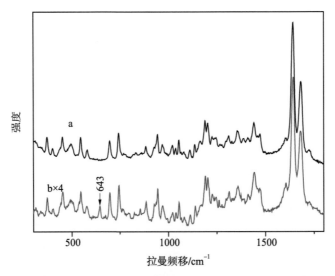

图6.7　峨眉舞花姜（a）和双翅舞花姜（b）根状茎油细胞的拉曼光谱
×4，表示强度增大4倍

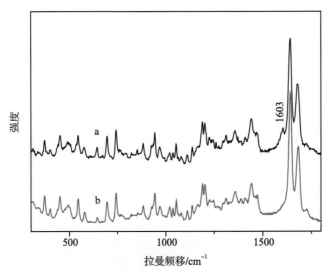

图6.8　双翅舞花姜根状茎油细胞拉曼光谱
a.原产西双版纳；b.移栽楚雄

6.4　结语

　　本章对舞花姜属植物峨眉舞花姜、毛舞花姜、双翅舞花姜根状茎油细胞进行了拉曼光谱研究，得出了3种植物油细胞的主要成分。为便于比较，将3种植物油细胞的主要成分列于表6.1中。

表6.1 舞花姜属植物油细胞主要成分

	香茅醛	百里香酚	芳樟醇	柠檬烯	α-松油醇	β-榄香烯	甲氧基肉桂酸乙酯	β-蒎烯
峨眉舞花姜根状茎	Y	Y	Y	Y	Y	Y		
毛舞花姜根状茎							Y	Y
双翅舞花姜根状茎	Y	Y	Y	Y	Y	Y		Y

从表6.1可见,峨眉舞花姜、双翅舞花姜根状茎油细胞的共有成分较多,有香茅醛、百里香酚、芳樟醇、柠檬烯、α-松油醇、β-榄香烯,双翅舞花姜比峨眉舞花姜多了β-蒎烯,毛舞花姜与双翅舞花姜根状茎油细胞的共有成分为β-蒎烯。

图6.9为舞花姜属植物油细胞中主要成分的分子结构。

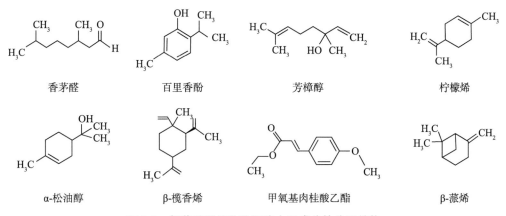

香茅醛　　　　　百里香酚　　　　　芳樟醇　　　　　柠檬烯

α-松油醇　　　　β-榄香烯　　　　甲氧基肉桂酸乙酯　　　　β-蒎烯

图6.9 舞花姜属植物油细胞主要成分的分子结构

香茅醛具有抗真菌及抑制金黄色葡萄球菌、伤寒杆菌的作用;百里香酚可抑制白念珠菌、皮肤癣菌(如须毛癣菌、奥杜盎小孢子癣菌)的生长,有体外抗组胺作用,有明显的抗炎作用;芳樟醇具有抗细菌、抗真菌、抗病毒和镇静作用;柠檬烯具有镇咳、祛痰、抗真菌作用;α-松油醇具有较强的平喘作用,制成气雾剂可用于空气消毒、杀菌;甲氧基肉桂酸乙酯有广谱抗真菌作用,对深红色发癣菌、酿酒酵母及黑曲霉菌有高度活性;β-蒎烯具有抗炎、祛痰和抗真菌作用;β-榄香烯是榄香烯乳注射液的主成分,β-榄香烯为抗癌的有效成分,其抗癌机制主要为降低肿瘤细胞的有丝分裂能力、诱发肿瘤细胞凋亡、抑制肿瘤细胞生长等。

参 考 文 献

胡皆汉,叶金星,程国宝,等,2001. β-榄香烯振动光谱的量子化学从头计算. 光谱学与光谱分析,(2):163-168.

江纪武,肖庆祥,1986. 植物药有效成分手册. 北京:人民卫生出版社,222-1061.

麻杰,陈娟,赵冰洁,等,2018. 抗癌药物β-榄香烯及其衍生物的研究进展. 中草药,49(5):1184-1191.

司民真，李伦，张川云，等，2019. 新鲜山柰、海南三七油细胞原位拉曼光谱研究. 热带作物学报，40（9）：1817-1822.

吴德邻，刘念，叶育石，2016. 中国姜科植物资源. 武汉：华中科技大学出版社，82-85.

Hanif M A，Nawaz H，Naz S，et al，2017. Raman spectroscopy for the characterization of different fractions of hemp essential oil extracted at 130℃ using steam distillation method. Spectrochim Acta A Mol Biomol Spectrosc，182：168-174.

Jentzsch P V，Ramos L A，Ciobotă V，2015. Handheld Raman spectroscopy for the distinction of essential oils used in the cosmetics industry. Cosmetics，2：162-176.

Schulz H，Baranska M，2007. Identification and quantification of valuable plant substances by IR and Raman spectroscopy. Vibrational Spectroscopy，43：13-25.

第7章

姜 花 属
Hedychium

姜花属植物约有50种，分布于亚洲热带地区，我国已发现有30种，分布在西南部至南部。

7.1 红姜花

Hedychium coccineum Smith

红姜花产于我国广西、云南、西藏，不丹、尼泊尔、印度、缅甸、泰国、斯里兰卡亦有分布。

图7.1是显微镜下的红姜花（2017年8月采于西双版纳）根状茎油细胞，图7.2是在其上获得的拉曼光谱。

图7.2中出现了以下几种特征峰。

（1）对伞花烃的特征峰，以对伞花烃/油细胞为序，对主要的峰进行归属：$1613/1607cm^{-1}$（C＝C伸缩振动），$1442/1442cm^{-1}$（CH_3对称弯曲振动），$1378/1398cm^{-1}$（CH_3反对称弯曲振动），$1208/1218cm^{-1}$、$1185/1183cm^{-1}$（C—C伸缩振动），$817/822cm^{-1}$、$803/794\ cm^{-1}$（环呼吸振动）。

（2）中等强度的峰$667cm^{-1}$为α-蒎烯的特征峰，$667cm^{-1}$归属为环的变形振动。

（3）二十碳五烯酸的强峰，以二十碳五烯酸/油细胞为序对其进行归属：$1563/1566cm^{-1}$（O＝C—O反对称伸缩振动）。

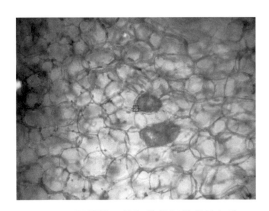

图7.1　显微镜下的红姜花根状茎油细胞

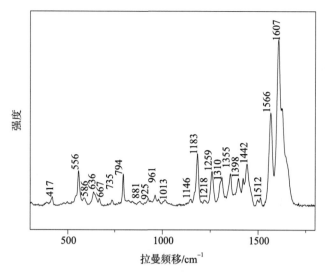

图7.2　红姜花根状茎油细胞的拉曼光谱

笔者实验室还研究了红姜花根状茎油细胞的拉曼光谱是否会受到不同采集地的影响。图7.3是2019年7月采于云南省文山州马关县的红姜花与2017年8月采于西双版纳的红姜花根状茎油细胞拉曼光谱。

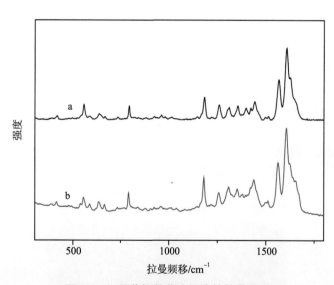

图7.3　红姜花根状茎油细胞的拉曼光谱

a.采于西双版纳的红姜花根状茎油细胞；b.采于文山州马关县的红姜花根状茎油细胞

从图7.3中可见，两者的峰形、峰位非常相似，表明其主要成分相同，均为对伞花烃、α-蒎烯、二十碳五烯酸，不受采集地点的影响。

7.2 白姜花

Hedychium coronarium J. König

白姜花产于我国东南部、南部至西南部，亚洲南部至东南部及澳大利亚亦有。其根状茎、果实药用有祛风散寒、温经止痛的功效，药理实验表明其有镇痛、抗炎、保肝、抗微生物的作用。

在白姜花（2017年8月采于西双版纳）根状茎油细胞上获得了两种明显不同的拉曼光谱，图7.4是显微镜下的油细胞A，图7.5是显微镜下的油细胞B，图7.4是油细胞A的拉曼光谱，图7.7是油细胞B的拉曼光谱。

仔细观察图7.6、图7.7，图7.7比图7.6多出1662cm^{-1}、1509cm^{-1}两处的特征峰，其余的峰与图7.6一致。

图7.6中出现了以下几种特征峰。

（1）芳樟醇的特征峰，以芳樟醇/油细胞A为序对其进行归属：1676/1678cm^{-1}（C＝C伸缩振动），1644/1644cm^{-1}（C＝C伸缩振动），1454/1459cm^{-1}（CH$_3$/CH$_2$弯曲振

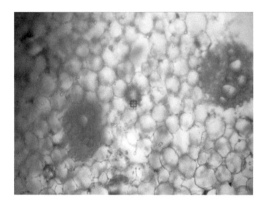

图7.4 显微镜下的白姜花根状茎油细胞A

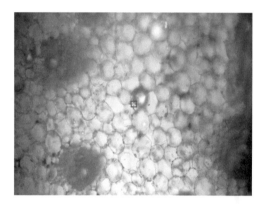

图7.5 显微镜下的白姜花根状茎油细胞B

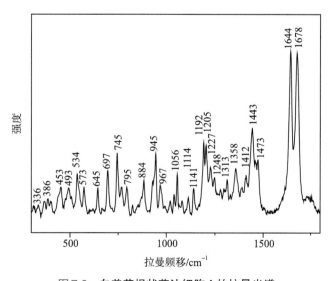

图7.6 白姜花根状茎油细胞A的拉曼光谱

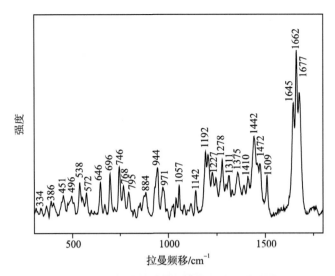

图7.7　白姜花根状茎油细胞B的拉曼光谱

动），1383/1392cm^{-1}（CH$_3$弯曲振动），1294/1296cm^{-1}（＝CH摇摆振动），805/795cm^{-1}（与—OH相关的振动）。

（2）β-蒎烯的特征峰，以β-蒎烯/油细胞A为序对其进行归属：1644/1644cm^{-1}（C＝C伸缩振动），1440/1443cm^{-1}（CH$_3$/CH$_2$弯曲振动），645/645cm^{-1}（环变形振动）。

（3）β-榄香烯的特征峰，以β-榄香烯/油细胞A为序对其进行归属：1642/1644cm^{-1}（C＝C伸缩振动），1413/1412cm^{-1}（H—C—H＋C—C—H变角振动），1003/1021cm^{-1}、886/884cm^{-1}（烯键上氢原子面外弯曲振动）。

（4）香芹酮的特征峰，以香芹酮/油细胞A为序对其进行归属：1670/1678cm^{-1}（C＝C伸缩振动），1644/1644cm^{-1}（C＝C伸缩振动），680～700/697cm^{-1}（环变形振动）。

图7.7中的强峰（1662cm^{-1}、1442cm^{-1}）、中等强度的峰（667cm^{-1}）为α-蒎烯的特征峰。1662cm^{-1}归属为C＝C伸缩振动，1442cm^{-1}归属为CH$_3$/CH$_2$弯曲振动，667cm^{-1}归属为环的变形振动。

图7.7中还出现了番茄红素的特征拉曼光谱，以番茄红素/油细胞B为序对其进行归属：1510/1509cm^{-1}（C＝C伸缩振动），1156/1160cm^{-1}（C—C伸缩振动），1004/1014cm^{-1}（面内C—C弯曲振动）。

综上，白姜花根状茎油细胞的主要成分为芳樟醇、β-蒎烯、α-蒎烯、番茄红素、香芹酮、β-榄香烯。周汉华等研究了贵州普安县的白姜花根状茎，其成分中，α-蒎烯、β-蒎烯各占总挥发物的16.54%和30.10%。彭炳先等研究了贵州黔南地区的白姜花根状茎，其成分中，α-蒎烯、β-蒎烯、芳樟醇、β-榄香烯各占总挥发物的1.531%、10.228%、18.060%、0.048%。芦燕玲等对西双版纳白姜花全株的研究表明，其成分中α-蒎烯、β-蒎烯各占总挥发物的14.17%和29.31%。

白姜花根状茎油细胞的主要成分是否会受不同年份、不同植株的影响？图7.8为2015年8月采集于西双版纳的白姜花和2017年8月采集于西双版纳的白姜花根状茎油细胞拉曼光谱。

比较图7.8中的a、b谱线可见，两条谱线的峰形、峰位极为相似，说明两种油细胞的主要成分是相同的，但两条谱线还是有较小的差异，如a谱线中1644cm^{-1}、645cm^{-1}附

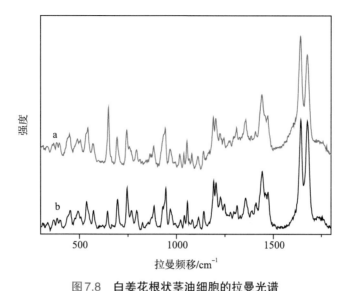

图7.8 白姜花根状茎油细胞的拉曼光谱

a.2015年8月采集的白姜花根状茎油细胞；b.2017年8月采集的白姜花根状茎油细胞

近的峰的相对强度明显比b谱线中的强，而这两个峰恰好来源于β-蒎烯，说明a谱线中β-蒎烯的相对含量高于b谱线。

7.3 黄姜花

Hedychium flavum Roxb.

黄姜花产于我国广西、贵州、云南、四川、西藏，印度、缅甸、泰国亦有分布。其根状茎及果实药用有祛风散寒、温经止痛的功效。

图7.9是显微镜下的黄姜花（2017年8月采于西双版纳）根状茎油细胞，图7.10是在该油细胞上获得的拉曼光谱。

图7.10与图7.7非常相似，因此，黄姜花根状茎的主要成分与白姜花根状茎中的一样，均为芳樟醇、β-蒎烯、α-蒎烯、番茄红素、香芹酮、β-榄香烯。仔细比较图7.10与图7.7，图7.10中1645cm^{-1}处的峰成为最强峰，同时651cm^{-1}（有重叠）处的峰成为较强

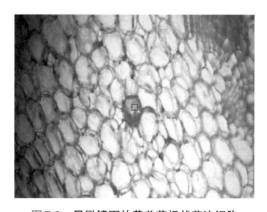

图7.9 显微镜下的黄姜花根状茎油细胞

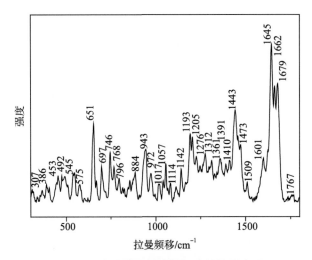

图7.10　黄姜花根状茎油细胞的拉曼光谱

的峰，而这两个峰来源于β-蒎烯，652cm^{-1}处的峰来源于1,8-桉油精，说明西双版纳黄姜花根状茎油细胞中β-蒎烯的相对含量高于白姜花，同时还有一定含量的1,8-桉油精。

　　笔者实验室还验证了该结论是否具有普遍性。图7.11中的a谱线是原产于大姚县百草岭、引种于楚雄市，于2019年7月采摘的黄姜花根状茎油细胞的拉曼光谱，b谱线是2019年7月采于云南省文山州马关县的黄姜花油细胞的拉曼光谱。

　　比较图7.10与图7.11，两者极为相似，都是1643cm^{-1}附近的峰为最强峰，说明3种黄姜花的主要成分是一样的，且β-蒎烯的含量高于白姜花。但图7.10与图7.11还是有差别的，图7.11中1679cm^{-1}处的峰为1679cm^{-1}、1660cm^{-1}、1643cm^{-1}三个峰中相对强度最弱的峰，而该峰来源于芳樟醇，说明楚雄市、文山州马关县黄姜花根状茎油细胞中芳樟醇的相对含量低于西双版纳黄姜花油细胞。此外，图7.11中未出现651cm^{-1}附近的峰，说明后两种黄姜花油细胞中不含1,8-桉油精。

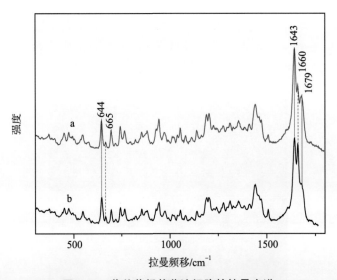

图7.11　黄姜花根状茎油细胞的拉曼光谱

a.采摘于楚雄的黄姜花根状茎油细胞；b.采摘于文山州马关县的黄姜花根状茎油细胞

周露等研究了西双版纳黄姜花根状茎的挥发物，其中，1,8-桉油精、α-蒎烯、β-蒎烯、芳樟醇含量分别为8.400%、9.124%、20.289%、10.042%。

7.4 圆瓣姜花

Hedychium forrestii Diels

圆瓣姜花产于我国广西、贵州、四川、云南，泰国亦有分布。其根状茎药用有祛风散寒、敛气止汗的功效，可用于虚弱自汗、胃气寒痛、消化不良、风寒痹痛等症。

笔者实验室所用圆瓣姜花为2019年7月采于云南省麻栗坡县，在圆瓣姜花根状茎油细胞上获得3种明显不同的拉曼光谱，图7.12是显微镜下的油细胞A，图7.13是显微镜下的油细胞B。在油细胞A上得到的拉曼光谱见图7.14和图7.15，在油细胞B上得到的拉曼光谱见图7.16，图7.17是油细胞C上得到的拉曼光谱。

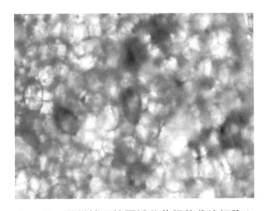

图7.12 显微镜下的圆瓣姜花根状茎油细胞A

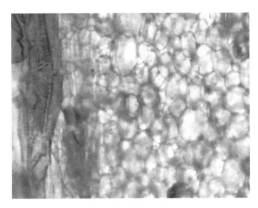

图7.13 显微镜下的圆瓣姜花根状茎油细胞B

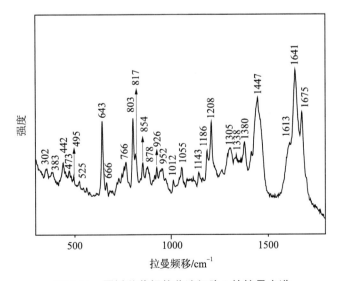

图7.14 圆瓣姜花根状茎油细胞A的拉曼光谱

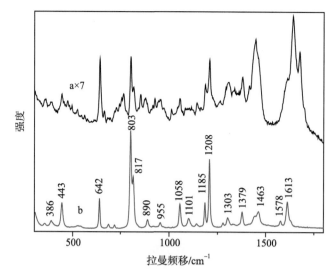

图 7.15　圆瓣姜花油细胞 A（a）和对伞花烃（b）的拉曼光谱

×7，表示强度增大 7 倍

图 7.14 中出现了以下几种特征峰。

（1）柠檬烯的特征峰，以柠檬烯/油细胞 A 为序，对主要的峰进行归属：1678/1675cm^{-1}（环己烯的 C＝C 伸缩振动），1645/1641cm^{-1}（乙烯基的 C＝C 伸缩振动），1435/1447cm^{-1}（CH$_3$/CH$_2$ 弯曲振动），760/766cm^{-1}（环变形振动）。

（2）1641cm^{-1} 及 643cm^{-1} 附近的峰为 β-蒎烯的特征峰。

（3）β-榄香烯的特征峰，以 β-榄香烯/油细胞 A 为序对其进行归属：1642/1641cm^{-1}（C＝C 伸缩振动），1413/1414cm^{-1}（H—C—H＋C—C—H 变角振动），1003/1012cm^{-1}、886/887cm^{-1}（烯键上氢原子的面外弯曲振动）。

（4）香芹酮的特征峰，以香芹酮/油细胞 A 为序对其进行归属：1670/1675cm^{-1}（C＝C 伸缩振动），1644/1641cm^{-1}（C＝C 伸缩振动），680～700/696cm^{-1}（环变形振动）。

在图 7.14 的这些峰中，1613cm^{-1}、1447cm^{-1}（重叠）、1380cm^{-1}、1305cm^{-1}、1208cm^{-1}、1186cm^{-1}、1055cm^{-1}、952cm^{-1}、878cm^{-1}（重叠）、817cm^{-1}、803cm^{-1}、643cm^{-1}、442cm^{-1}、383cm^{-1} 处的峰来源于对伞花烃。

图 7.15 是圆瓣姜花油细胞 A 与对伞花烃标样（CAS 号：99-87-6）拉曼光谱的对比图。

以对伞花烃/油细胞 A 为序，对主要的峰进行归属：1613/1613cm^{-1}（C＝C 伸缩振动），1442/1447cm^{-1}（CH$_3$ 对称弯曲振动）；1378/1380cm^{-1}（CH$_3$ 反对称弯曲振动）；1208/1208cm^{-1}、1185/1186cm^{-1}（C—C 伸缩振动）；817/817cm^{-1}、803/803cm^{-1}（环呼吸振动）。

图 7.16 中出现了以下几种特征峰。

（1）芳樟醇的特征峰，以芳樟醇/油细胞 B 为序对其进行归属：1676/1682cm^{-1}（C＝C 伸缩振动），1644/1643cm^{-1}（C＝C 伸缩振动），1454/1444cm^{-1}（CH$_3$/CH$_2$ 弯曲振动），1383/1383cm^{-1}（CH$_3$ 弯曲振动），1294/1302cm^{-1}（＝CH 摇摆振动），805/805cm^{-1}（与—OH 相关的振动）。

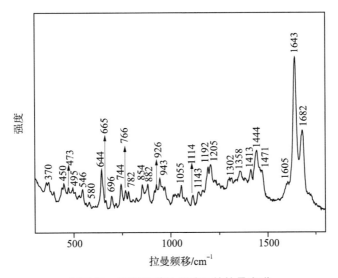

图7.16 圆瓣姜花油细胞B的拉曼光谱

（2）β-蒎烯的特征峰，以β-蒎烯/油细胞B为序对其进行归属：1644/1643cm^{-1}（C＝C伸缩振动），1458/1444cm^{-1}（CH$_3$/CH$_2$弯曲振动），645/644cm^{-1}（环变形振动）。

（3）β-榄香烯的特征峰，以β-榄香烯/油细胞B为序对其进行归属：1642/1643cm^{-1}（C＝C伸缩振动），1413/1413 cm^{-1}（H—C—H＋C—C—H变角振动），1003/1014cm^{-1}、886/882cm^{-1}（烯键上氢原子面外弯曲振动）。

（4）香芹酮的特征峰，以香芹酮/油细胞B为序对其进行归属：1670/1682cm^{-1}（C＝C伸缩振动），1644/1643cm^{-1}（C＝C伸缩振动），680～700/696cm^{-1}（环变形振动）。

图7.17中，1661cm^{-1}、1446cm^{-1}、664cm^{-1}处的峰来源于α-蒎烯，1661cm^{-1}（重叠）、1446cm^{-1}、644cm^{-1}处的峰来源于β-蒎烯。

图7.17中出现了番茄红素的特征拉曼光谱，以番茄红素/油细胞C为序对其进行归属：1510/1507cm^{-1}（C＝C伸缩振动），1156/1163cm^{-1}（C—C伸缩振动），1004/1004cm^{-1}

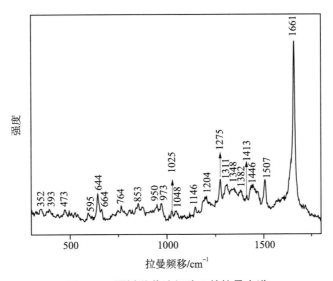

图7.17 圆瓣姜花油细胞C的拉曼光谱

（面内C—C弯曲振动）。

综合A、B、C油细胞可见，圆瓣姜花油细胞的主要成分为芳樟醇、柠檬烯、对伞花烃、β-蒎烯、α-蒎烯、番茄红素、β-榄香烯、香芹酮。

纳智研究了圆瓣姜花根状茎的挥发油，其中芳樟醇、β-蒎烯、α-蒎烯、对伞花烃、柠檬烯的含量分别为34.21%、12.72%、5.21%、2.89%、1.54%。

7.5 肉红姜花

Hedychium neocarneum

肉红姜花分布于云南的勐腊、景洪、勐海，生长于海拔 1600～1900 米处。

笔者实验室所用肉红姜花为2018年5月采于西双版纳，在其根状茎油细胞上获得了3种明显不同的拉曼光谱。图7.18是显微镜下新根的油细胞A，在其上获得的拉曼光谱见图7.19。

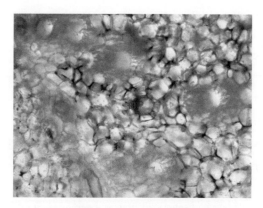

图7.18　显微镜下肉红姜花新根的油细胞A

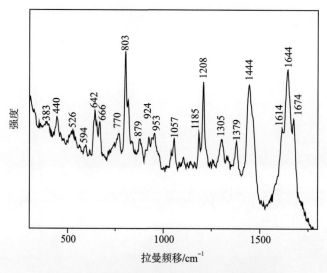

图7.19　肉红姜花根状茎油细胞A的拉曼光谱

图7.19中出现了以下几种特征峰。

（1）柠檬烯的特征峰，以柠檬烯/油细胞A为序，对主要的峰进行归属：1678/1674cm^{-1}（环己烯的C＝C伸缩振动），1645/1644cm^{-1}（乙烯基的C＝C伸缩振动），1435/1444cm^{-1}（CH$_3$/CH$_2$弯曲振动），760/770cm^{-1}（环变形振动）。

（2）1645cm^{-1}及645cm^{-1}附近的峰为β-蒎烯的特征峰。

（3）对伞花烃的特征峰。

图7.20是肉红姜花新根油细胞A与对伞花烃标样拉曼光谱的对比图。

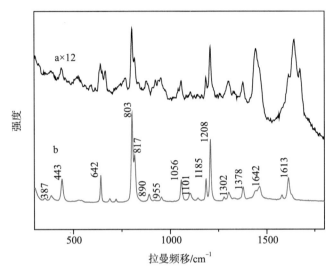

图7.20 肉红姜花新根油细胞A（a）和对伞花烃（b）的拉曼光谱

×12，表示强度增大12倍

以对伞花烃/油细胞A为序，对主要的峰进行归属：1613/1614cm^{-1}（C＝C伸缩振动），1442/1444cm^{-1}（CH$_3$对称弯曲振动），1378/1379cm^{-1}（CH$_3$反对称弯曲振动），1208/1208cm^{-1}、1185/1185cm^{-1}（C—C伸缩振动），817/817cm^{-1}、803/803cm^{-1}（环呼吸振动）。

图7.21是显微镜下的肉红姜花新根油细胞B，在其上得到的拉曼光谱见图7.22，图中出现了以下几种特征峰。

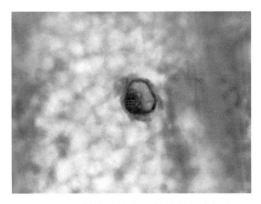

图7.21 显微镜下的肉红姜花新根油细胞B

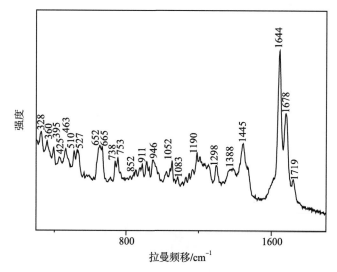

图7.22　肉红姜花新根油细胞B的拉曼光谱

（1）柠檬烯的特征峰，以柠檬烯/油细胞B为序对主要的峰进行归属：1678/1678cm^{-1}（环己烯的C＝C伸缩振动），1645/1644cm^{-1}（乙烯基的C＝C伸缩振动），1435/1445cm^{-1}（CH$_2$/CH$_3$弯曲振动），760/768cm^{-1}（环变形振动）。

（2）α-蒎烯的特征峰，以α-蒎烯/油细胞B为序对其进行归属：1654/1644cm^{-1}（C＝C伸缩振动），1440/1445cm^{-1}（CH$_2$/CH$_3$弯曲振动），666/665cm^{-1}（环变形振动）。

（3）1,8-桉油精的谱峰，以1,8-桉油精/油细胞B为序对出现的峰进行归属：1446/1445cm^{-1}、1432/1427cm^{-1}（CH$_3$伞形振动），1378/1378cm^{-1}、1356/1346cm^{-1}、1338/1333cm^{-1}、1215/1215cm^{-1}、1164/1165cm^{-1}、1107/1111cm^{-1}、1080/1083cm^{-1}、1016/1020cm^{-1}、864/852cm^{-1}、843/843cm^{-1}（C—H摇摆振动），1307/1298cm^{-1}、1243/1254cm^{-1}、1215/1215cm^{-1}、1054/1052cm^{-1}（C—C及C—H摇摆振动），930/925cm^{-1}、887/887cm^{-1}、764/766cm^{-1}）（C—C伸缩振动及C—H摇摆振动），790/790cm^{-1}、576/580cm^{-1}、455/463cm^{-1}（C—O及C—H摇摆振动），652/652cm^{-1}（环呼吸振动），545/532cm^{-1}（C—C伸缩振动及C—C—C弯曲振动），506/510cm^{-1}、386/395cm^{-1}、334/328cm^{-1}（C—C—C弯曲振动及C—H摇摆振动），301/293cm^{-1}（C—C摇摆振动），211/212cm^{-1}（CH$_3$扭曲振动）。

（4）香茅醛的特征峰，以香茅醛/油细胞B为序对其进行归属：1725/1719cm^{-1}（C＝O伸缩振动），1674/1678cm^{-1}（C＝C伸缩振动），1382/1388cm^{-1}（CH$_3$变形振动）。

（5）β-榄香烯的特征峰，以β-榄香烯/油细胞B为序对其进行归属：1642/1644cm^{-1}（C＝C伸缩振动），1413/1426cm^{-1}（H—C—H＋C—C—H变角振动），1003/1020cm^{-1}、886/887cm^{-1}（烯键上氢原子面外弯曲振动）。

（6）香芹酮的特征峰，以香芹酮/油细胞B为序对其进行归属：1677/1678cm^{-1}（C＝C伸缩振动），1644/1644cm^{-1}（C＝C伸缩振动），680～700/683cm^{-1}（环变形振动）。

显微镜下的肉红姜花老根油细胞见图7.23，在其上得到的拉曼光谱见图7.24。

图7.23　显微镜下的肉红姜花老根油细胞

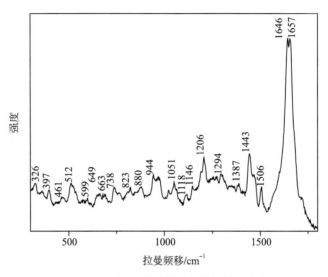

图7.24　肉红姜花老根油细胞的拉曼光谱

在图7.24中，1657cm^{-1}、1443cm^{-1}、663cm^{-1}处的峰来源于α-蒎烯，1646cm^{-1}、1443cm^{-1}、649cm^{-1}处的峰来源于β-蒎烯。1506cm^{-1}、1146cm^{-1}、1006cm^{-1}处的峰来源于番茄红素。

综上，肉红姜花油细胞的主要成分为柠檬烯、β-蒎烯、对伞花烃、α-蒎烯、1,8-桉油精、香茅醛、香芹酮、β-榄香烯、番茄红素。

7.6　普洱姜花

Hedychium puerense

普洱姜花产于云南腾冲、盈江、普洱、宁洱、勐海、景洪、勐腊及广西的凌云、隆林。

笔者实验室所用普洱姜花为2017年8月采于西双版纳，在普洱姜花根状茎油细胞上获得了2种明显不同的拉曼光谱，图7.25是显微镜下的普洱姜花根状茎油细胞A，在其上得到的拉曼光谱见图7.26；图7.27是显微镜下的普洱姜花根状茎油细胞B，在其上得到的拉曼光谱见图7.28。

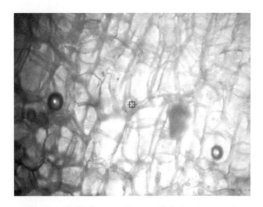

图7.25　显微镜下的普洱姜花根状茎油细胞A

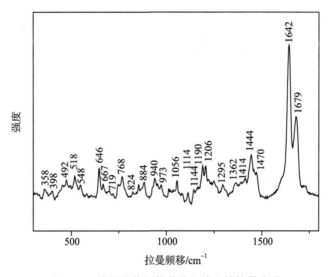

图7.26　普洱姜花根状茎油细胞A的拉曼光谱

图7.26中出现了以下几种特征峰。

（1）芳樟醇的特征峰，以芳樟醇/油细胞A为序对其进行归属：1676/1679cm^{-1}（C＝C伸缩振动），1644/1642cm^{-1}（C＝C伸缩振动），1454/1457cm^{-1}（CH$_3$/CH$_2$弯曲振动），1383/1392cm^{-1}（CH$_3$弯曲振动），1294/1295cm^{-1}（＝CH摇摆振动），805/805cm^{-1}（与—OH相关的振动）。

（2）β-蒎烯的特征峰，以β-蒎烯/油细胞A为序对其进行归属：1644/1642cm^{-1}（C＝C伸缩振动），1458/1457cm^{-1}（CH$_3$/CH$_2$弯曲振动），645/646cm^{-1}（环变形振动）。

（3）柠檬烯的特征峰，以柠檬烯/油细胞A为序，对主要的峰进行归属：1678/1679cm^{-1}（环己烯的C＝C伸缩振动），1645/1642cm^{-1}（乙烯基的C＝C伸缩振动），1435/1444cm^{-1}（CH$_3$/CH$_2$弯曲振动），760/768cm^{-1}（环变形振动）。

（4）β-榄香烯的特征峰，以β-榄香烯/油细胞A为序对其进行归属：1642/1642cm^{-1}（C＝C伸缩振动），1413/1414cm^{-1}（H—C—H＋C—C—H变角振动），1003/1013cm^{-1}、886/884cm^{-1}（烯键上氢原子面外弯曲振动）。

（5）香芹酮的特征峰，以香芹酮/油细胞A为序对其进行归属：1670/1679cm^{-1}（C＝C伸缩振动），1644/1642cm^{-1}（C＝C伸缩振动），680～700/699cm^{-1}（环的变形振动）。

图7.27 显微镜下的普洱姜花根状茎油细胞B

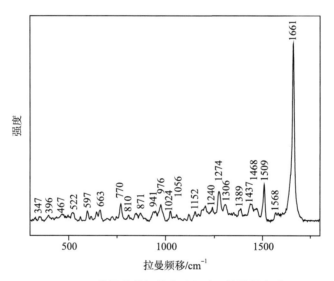

图7.28 普洱姜花根状茎油细胞B的拉曼光谱

图7.28中出现了以下几种特征峰。

（1）α-蒎烯的特征峰，以α-蒎烯/油细胞B为序对其进行归属：1654/1661cm^{-1}（C＝C伸缩振动），1440/1437cm^{-1}（CH$_3$/CH$_2$弯曲振动），666/663cm^{-1}（环变形振动）。

（2）β-蒎烯的特征峰，以β-蒎烯/油细胞B为序对其进行归属：1644/1661cm^{-1}（C＝C伸缩振动），1458/1468cm^{-1}（CH$_3$/CH$_2$弯曲振动），645/645cm^{-1}（环变形振动）。

（3）番茄红素的特征峰，以番茄红素/油细胞B为序对其进行归属：1510/1509cm^{-1}（C＝C伸缩振动），1156/1152cm^{-1}（C—C伸缩振动），1004/1024cm^{-1}（面内C—C弯曲振动）。

综上，普洱姜花油细胞的主要成分为芳樟醇、β-蒎烯、α-蒎烯、柠檬烯、香芹酮、β-榄香烯、番茄红素。

7.7 狭瓣姜花

Hedychium stenopetalum Lodd

狭瓣姜花产于我国云南，印度亦有分布。

笔者实验室所用狭瓣姜花为2017年1月采于云南省盈江县，在狭瓣姜花根状茎油细胞上获得了两种明显不同的拉曼光谱，图7.29是显微镜下的狭瓣姜花根状茎油细胞A，在其上得到的拉曼光谱见图7.30，图7.31是显微镜下的狭瓣姜花根状茎油细胞B，在其上得到的拉曼光谱见图7.32。

图7.30中出现了以下几种特征峰。

（1）α-蒎烯的特征峰，以α-蒎烯/油细胞A为序对其进行归属：1654/1656cm^{-1}（C＝C伸缩振动），1440/1436cm^{-1}（CH$_3$/CH$_2$弯曲振动），666/661cm^{-1}（环变形振动）。

（2）柠檬烯的特征峰，以柠檬烯/油细胞A为序，对主要的峰进行归属：1678/1679cm^{-1}（环己烯的C＝C伸缩振动），1645/1639cm^{-1}（乙烯基的C＝C伸缩振动），

图7.29　显微镜下的狭瓣姜花根状茎油细胞A

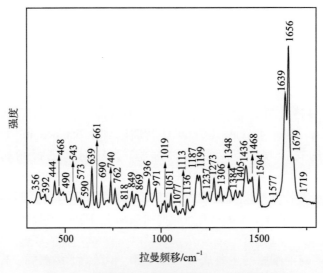

图7.30　狭瓣姜花根状茎油细胞A的拉曼光谱

1435/1436cm^{-1}（CH$_3$/CH$_2$弯曲振动），760/762cm^{-1}（环变形振动）。

（3）芳樟醇的特征峰，以芳樟醇/油细胞A为序对其进行归属：1676/1679cm^{-1}（C＝C伸缩振动），1644/1639cm^{-1}（C＝C伸缩振动），1454/1456cm^{-1}（CH$_3$/CH$_2$弯曲振动），1383/1384cm^{-1}（CH$_3$弯曲振动），1294/1292cm^{-1}（＝CH摇摆振动），805/807cm^{-1}（与—OH相关的振动）。

（4）番茄红素的特征峰，以番茄红素/油细胞A为序对其进行归属：1510/1504cm^{-1}（C＝C伸缩振动），1156/1161cm^{-1}（C—C伸缩振动），1004/1008cm^{-1}（面内C—C弯曲振动）。

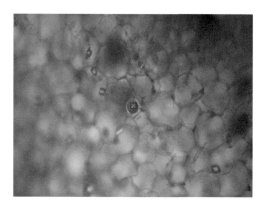

图7.31　显微镜下的狭瓣姜花根状茎油细胞B

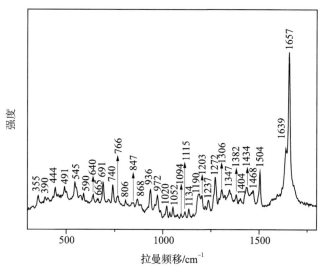

图7.32　狭瓣姜花根状茎油细胞B的拉曼光谱

图7.32中出现了α-蒎烯的特征峰，以α-蒎烯/油细胞B为序对其进行归属：1654/1657cm^{-1}（C＝C伸缩振动），1440/1434（CH$_3$/CH$_2$弯曲振动），666/665cm^{-1}（环变形振动）。

综上，狭瓣姜花油细胞的主要成分为芳樟醇、柠檬烯、α-蒎烯、番茄红素。

7.8　腾冲姜花

Hedychium tengchongense Y. B. Luo

　　腾冲姜花分布于云南腾冲、陇川，海拔1600米处。

　　笔者实验室所用腾冲姜花为2017年1月采于云南省盈江县，图7.33是显微镜下的腾冲姜花根状茎油细胞，在其上得到的拉曼光谱见图7.34。

　　图7.34中出现了以下几种特征峰。

　　（1）α-蒎烯的特征峰，以α-蒎烯/油细胞为序对其进行归属：1662/1656cm^{-1}（C＝C伸缩振动），1442/1434cm^{-1}（CH$_3$/CH$_2$弯曲振动），667/661cm^{-1}（环变形振动）。

　　（2）对伞花烃的特征峰，以对伞花烃/油细胞为序，对主要的峰进行归属：1613/1597cm^{-1}（C＝C伸缩振动）；1442/1434cm^{-1}（CH$_3$对称弯曲振动）；1378/1384cm^{-1}（CH$_3$反对称弯曲振动）；1208/1202cm^{-1}、1185/1187cm^{-1}（C—C伸缩振动）；817/-cm^{-1}、803/806cm^{-1}（环呼吸振动）。

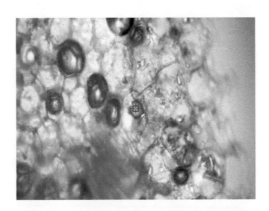

图7.33　显微镜下的腾冲姜花根状茎油细胞

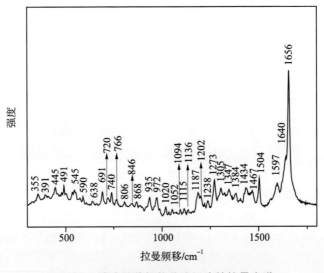

图7.34　腾冲姜花根状茎油细胞的拉曼光谱

（3）番茄红素的特征峰，以番茄红素/油细胞为序对其进行归属：1510/1504cm⁻¹（C＝C伸缩振动），1156/1161cm⁻¹（C—C伸缩振动），1004/1020cm⁻¹（面内C—C弯曲振动）。

可见腾冲姜花油细胞的主要成分为α-蒎烯、对伞花烃、番茄红素。

7.9 毛姜花

Hedychium villosum Wall.

毛姜花是姜科姜花属植物，主要分布于我国广东、广西、海南、云南，印度、缅甸、泰国亦有分布。其根状茎药用有祛风止咳的功效。

笔者实验室所用毛姜花为2016年12月采于云南省德宏州芒市，图7.35是显微镜下的毛姜花根状茎油细胞，图7.36中的a谱线是在该油细胞上获得的拉曼光谱，b谱线是1,8-桉油精标样（CAS号：470-82-6）的拉曼光谱。

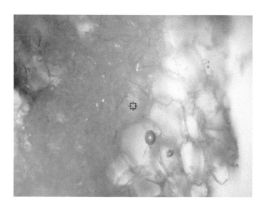

图7.35 显微镜下的毛姜花根状茎油细胞

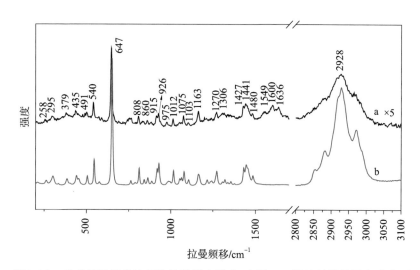

图7.36 毛姜花根状茎油细胞的拉曼光谱（a）及1,8-桉油精的拉曼光谱（b）

×5，表示强度增大5倍

　　从图7.36可见，两条谱线在300～1500cm^{-1}的峰形、峰位都非常相似，因此毛姜花油细胞的主要成分为1,8-桉油精。以1,8-桉油精/油细胞为序对拉曼峰进行归属：1446/1441cm^{-1}、1432/1427cm^{-1}（CH$_3$伞形振动）；1338/1338cm^{-1}、1215/1198cm^{-1}、1164/1163cm^{-1}、1107/1103cm^{-1}、1080/1075cm^{-1}、1016/1012cm^{-1}、864/860cm^{-1}、843/831cm^{-1}（C—H摇摆振动）；1307/1306cm^{-1}、1273/1270cm^{-1}、1215/1198cm^{-1}（C—C及C—H摇摆振动）；930/926cm^{-1}、764/754cm^{-1}（C—C伸缩振动及C—H摇摆振动）；576/588cm^{-1}（C—O及C—H摇摆振动）；652/647cm^{-1}（环呼吸振动）；545/540cm^{-1}（C—C伸缩振动及C—C—C弯曲振动）；506/501cm^{-1}、386/379cm^{-1}（C—C—C弯曲振动及C—H摇摆振动）；441/435cm^{-1}（C—C—C弯曲振动）；301/295cm^{-1}（C—C摇摆振动）。

　　图7.36中出现了对伞花烃的特征峰，以对伞花烃/油细胞为序对其进行归属：1613/1600cm^{-1}（C＝C伸缩振动）；1442/1441cm^{-1}（CH$_3$对称弯曲振动）；1378/1388cm^{-1}（CH$_3$反对称弯曲振动）；1208/1209cm^{-1}、1185/1182cm^{-1}（C—C伸缩振动）；817/825cm^{-1}、803/808cm^{-1}（环呼吸振动）。

　　图7.36中还出现了β-蒎烯的特征峰，以β-蒎烯/油细胞为序对其进行归属：1644/1636cm^{-1}（C＝C伸缩振动）、1458/1441cm^{-1}（CH$_3$/CH$_2$弯曲振动）、645/647cm^{-1}（环变形振动）。

　　可见，毛姜花油细胞的主要成分为1,8-桉油精、对伞花烃、β-蒎烯。

7.10　滇姜花

Hedychium yunnanense Gagnep.

　　滇姜花产于我国云南、广西，越南亦有分布。其根状茎药用有祛风除湿、舒筋活络、调经止痛的功效。

　　笔者实验室所用滇姜花为2019年8月采于云南昆明市晋宁区，图7.37是显微镜下的滇姜花根状茎油细胞，图7.38是在该油细胞上获得的拉曼光谱。

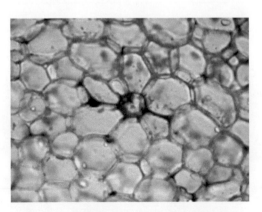

图7.37　显微镜下的滇姜花根状茎油细胞

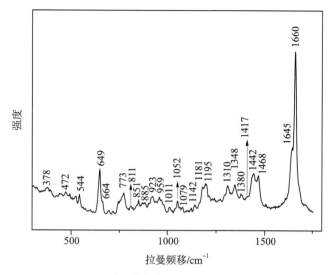

图 7.38　滇姜花根状茎油细胞的拉曼光谱

图 7.38 中出现了以下几种特征峰。

（1）α- 蒎烯的特征峰，以 α- 蒎烯 / 油细胞为序对其进行归属：1662/1660cm^{-1}（C＝C 伸缩振动），1442/1442cm^{-1}（CH$_3$/CH$_2$ 弯曲振动），667/664cm^{-1}（环变形振动）。

（2）β- 蒎烯的特征峰，以 β- 蒎烯 / 油细胞为序对其进行归属：1644/1645cm^{-1}（C＝C 伸缩振动），1458/1468cm^{-1}（CH$_3$/CH$_2$ 弯曲振动），645/649cm^{-1}（环变形振动）。

（3）香桧烯（sabinene）的特征峰，以香桧烯 / 油细胞为序对其进行归属：1653/1660cm^{-1}（C＝C 伸缩振动），1446/1442cm^{-1}、1415/1417cm^{-1}（CH$_3$/CH$_2$ 弯曲振动），957/959cm^{-1}、915/923cm^{-1}、652/649cm^{-1}（环变形振动）。

（4）芳樟醇的特征峰，以芳樟醇 / 油细胞为序对其进行归属：1676/1660cm^{-1}（C＝C 伸缩振动），1644/1645cm^{-1}（C＝C 伸缩振动），1454/1468cm^{-1}（CH$_3$/CH$_2$ 弯曲振动），1383/1380cm^{-1}（CH$_3$ 弯曲振动），1294/1310cm^{-1}（＝CH 摇摆振动），805/811cm^{-1}（与 —OH 相关的振动）。

（5）β- 榄香烯的特征峰，以 β- 榄香烯 / 油细胞为序对其进行归属：1642/1645cm^{-1}（C＝C 伸缩振动），1413/1417cm^{-1}（H—C—H＋C—C—H 变角振动），1003/1011cm^{-1}、886/885cm^{-1}（烯键上氢原子面外弯曲振动）。

（6）香芹酮的特征峰，以香芹酮 / 油细胞为序对其进行归属：1670/1660cm^{-1}（C＝C 伸缩振动），1644/1645cm^{-1}（C＝C 伸缩振动），680 ～ 700/696cm^{-1}（环变形振动）。

故滇姜花油细胞的主要成分为 α- 蒎烯、β- 蒎烯、香桧烯、芳樟醇、β- 榄香烯、香芹酮。

笔者实验室还研究了不同采集地滇姜花的挥发油主成分。图 7.39 是 2019 年 8 月采于云南楚雄的滇姜花的油细胞，在其上获得的拉曼光谱见图 7.40（a），图 7.40（b）为晋宁滇姜花的拉曼光谱。

比较图 7.40 中的 a、b 谱线，可见两者的峰形、峰位基本相同，由此可得楚雄滇姜花油细胞与晋宁滇姜花油细胞的主要成分一致，均为 α- 蒎烯、β- 蒎烯、香桧烯、芳樟醇、

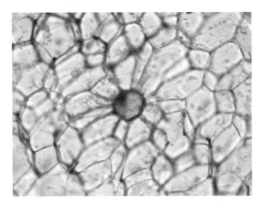

图7.39　显微镜下的楚雄滇姜花油细胞

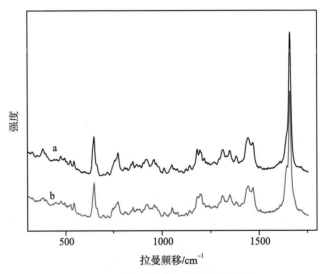

图7.40　滇姜花油细胞的拉曼光谱

a.楚雄滇姜花油细胞；b.晋宁滇姜花油细胞

β-榄香烯、香芹酮。

程必强等对昆明产滇姜花油细胞的研究结果表明，其主要成分为芳樟醇、α-蒎烯、β-蒎烯、榄香烯等。

7.11　结语

本章对红姜花、白姜花、黄姜花、圆瓣姜花、肉红姜花、普洱姜花、狭瓣姜花、腾冲姜花、毛姜花、滇姜花等姜花属植物根状茎油细胞的主要成分进行研究，各种植物油细胞的主要成分见表7.1。

表 7.1　姜花属植物油细胞主要成分

	对伞花烃	芳樟醇	β-蒎烯	α-蒎烯	1,8-桉油精	柠檬烯	β-榄香烯	香芹酮	二十碳五烯酸	番茄红素	香桧烯	香茅醛
红姜花	Y			Y					Y			
白姜花		Y	Y	Y			Y	Y		Y		
黄姜花		Y	Y	Y	Y		Y	Y		Y		
圆瓣姜花	Y	Y	Y	Y		Y	Y	Y		Y		
肉红姜花	Y		Y	Y	Y	Y	Y	Y		Y		Y
普洱姜花		Y	Y	Y		Y	Y	Y		Y		
狭瓣姜花		Y		Y		Y		Y		Y		
腾冲姜花	Y			Y		Y				Y		
毛姜花	Y		Y		Y		Y	Y				
滇姜花		Y	Y	Y			Y	Y			Y	

从表7.1可见,肉红姜花与圆瓣姜花的共同成分最多,达到7种,分别为对伞花烃、β-蒎烯、α-蒎烯、柠檬烯、番茄红素、香芹酮、β榄香烯;圆瓣姜花与普洱姜花的共同成分也为7种,分别为芳樟醇、β-蒎烯、α-蒎烯、柠檬烯、番茄红素、香芹酮、β榄香烯;白姜花、黄姜花、圆瓣姜花的共同成分为6种,分别为芳樟醇、β-蒎烯、α-蒎烯、番茄红素、香芹酮、β榄香烯;香茅醛为肉红姜花所特有,香桧烯为滇姜花所特有。除红姜花、毛姜花、滇姜花外,其他几种姜花中都含有番茄红素,而热处理作用下番茄红素损失达76%,这就是用水蒸气蒸馏姜花属植物时检测不到番茄红素的原因。

图7.41是姜花属植物油细胞中主要成分的分子结构。

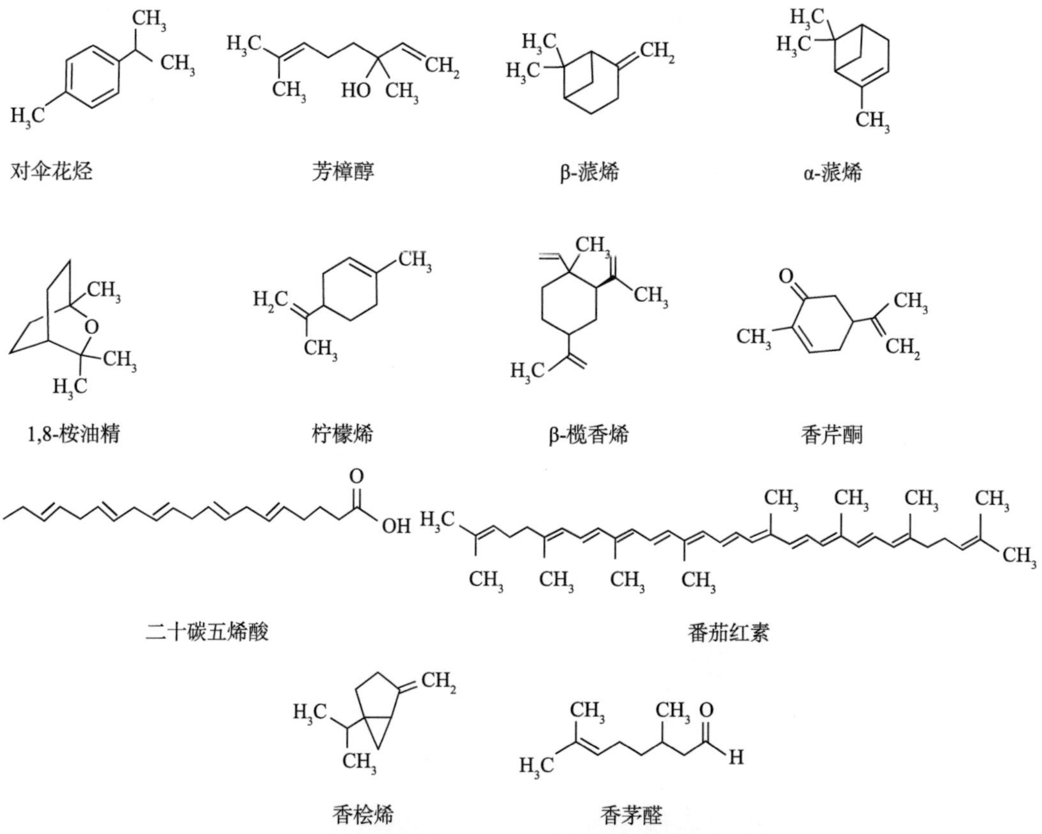

图7.41　姜花属植物油细胞中主要成分的分子结构

对伞花烃有防、杀昆虫和杀真菌作用,以及祛痰作用;芳樟醇具有抗细菌、抗真菌、抗病毒和镇静作用;β-蒎烯具有抗炎、祛痰和抗真菌作用;α-蒎烯具有镇咳、祛痛、抗真菌作用;1,8-桉油精具有解热、抗炎、抗菌、平喘和镇痛作用;柠檬烯具有镇咳、祛痰、抗真菌作用;β-榄香烯是榄香烯乳注射液的主要成分,其作为抗癌的有效药物,抗癌机制主要为降低肿瘤细胞有丝分裂能力、诱发肿瘤细胞凋亡、抑制肿瘤细胞生长等;香芹酮具有镇咳平喘作用,以及抗真菌作用;番茄红素具有增强免疫力及调节胆固醇合成的作用,可预防动脉粥样硬化、心血管疾病、癌症等疾病的发生;二十碳五烯酸具有调节血脂、软化血管、降低血液黏度的作用，可防止脂肪在血管壁的沉积，预防动脉粥样硬化的形成和发展，预防脑血栓、脑出血、高血压等心血管疾病，有"血管清道夫"之称；香桧烯可预防骨骼肌萎缩；香茅醛具有抗真菌及抑制金黄色葡萄球菌、伤寒杆菌的作用。

参 考 文 献

程必强，喻学俭，丁靖垲，等，2001. 云南香料植物资源及其利用. 昆明：云南科技出版社，224.

胡皆汉，叶金星，程国宝，等，2001. β-榄香烯振动光谱的量子化学从头计算. 光谱学与光谱分析，（2）：163-168.

胡秀，刘念，2009. 中国姜花属 Hedychium 野生花卉资源特点. 广东园林，31（4）：7-11.

江纪武，肖庆祥，1986. 植物药有效成分手册. 北京：人民卫生出版社，135-1031.

芦燕玲，高则睿，徐世涛，等，2013. GC-MS 法分析姜花属四种植物的挥发性成分. 化学研究与应用，25（2）：210-215.

麻杰，陈娟，赵冰洁，等，2018. 抗癌药物 β-榄香烯及其衍生物的研究进展. 中草药，49（5）：1184-1191.

纳智，2006. 圆瓣姜花根茎挥发物的化学成分. 热带亚热带作物学报，15（4）：417-420.

彭炳先，黄振中，陈莉莉，等，2008. 气相色谱-质谱联用法测定中药姜花块根挥发油化学成分. 时珍国医国药，19（6）：1418-1419.

司民真，李伦，张川云，等，2017. 毛姜花油细胞原位拉曼光谱研究. 激光生物学报，26（4）：298-302.

吴德邻，刘念，叶育石，2016. 中国姜科植物资源. 武汉：华中科技大学出版社，86-103.

谢爱萍，张学，王立媛，等，2019. 毛细管气相色谱测定食品中二十碳五烯酸和二十二碳六烯酸含量. 中国卫生检验杂志，29（17）：2071-2074.

周汉华，赵曦，梁晓乐，2008. 夜寒苏的鉴定及挥发油成分 GC-MS 分析. 中药材，31（7）：977-979.

周露，练强，谢文申，2017. 黄姜花根茎的挥发性成分研究. 香料香精化妆品，（4）：11-13.

Fuhrman B，Elis A，Aviram M，1997. Hypocholesterolemic effect of lycopene and β-carotene is related to suppression of cholesterol synthesis and augmentation of LDL receptor activity in macrophages. Biochem Biophys Res Commun，233：658-662.

Giovannucci E，Rimm E B，Liu Y，et al，2002. A prospective study of tomato products, lycopene, and prostate cancer risk. J Natl Cancer Inst，94（5）：391-398.

Jentzsch P V，Ramos L A，Ciobotă V，2015. Handheld Raman spectroscopy for the distinction of essential oils used in the cosmetics industry. Cosmetics，2：162-176.

Ryu Y，Lee D，Jung S H，et al，2019. Sabinene prevents skeletal muscle atrophy by inhibiting the MAPK-MuRF-1 pathway in rats. Int J Mol Sci，20（19）：E4955.

Schulz H，Baranska M，2007. Identification and quantification of valuable plant substances by IR and Raman spectroscopy. Vibrational Spectroscopy，43：13-25.

Shi J，Wu Y，Bryan M，et al，2002. Oxidation and isomerization of lycopene under thermal treatment and light irradiation in food processing. J Food Sc Nutri，7（2）：179-183.

Siatis N G，Kimbaris A C，Pappas C S，et al，2005. Rapid method for simultaneous quantitative determination of four major essential oil components from oregano（*Oreganum* sp.）and thyme（*Thymus* sp.）

using FT-Raman spectroscopy. J Agric Food Chem，53（2）：202-206.

Socrates G，2001. Infrared and Raman Characteristic Group Frequencies（Tables and Charts）. 3rd ed. New Jersey：John Wiley& Sons，LTD：125-129.

Watzl B，Bub A，Briviba K G，2003. Supplementation of a low-carotenoid diet with tomato or carrot juice modulates immune functions in healthy men. Ann Nutr Metab，47（6）：255-261.

第8章

山 奈 属
Kaempferia L.

全世界已发现有40种山奈属植物，其分布于亚洲热带地区。我国有5种。本属植物除作药用、调味香料外，因叶面常有美丽的花纹而可作为观赏植物。

8.1 山奈

Kaempferia galanga L.

我国广东、广西、贵州、云南、四川等地有栽培或野生山奈，其药用有行气温中、消食止痛的功效，药理实验表明其有兴奋肠平滑肌、抗肿瘤、消炎等作用。

笔者实验室所用山奈为2018年5月采于广西，图8.1是显微镜下的山奈根状茎油细胞，图8.2是在该油细胞上获得的拉曼光谱。

图8.3是山奈根状茎油细胞和标样甲氧基肉桂酸乙酯（CAS号：1929-30-2）的拉曼光谱对比图，比较图8.3中的a和b谱线可见，两者峰形、峰位都非常相似。

以甲氧基肉桂酸乙酯/油细胞为序对谱峰位置相近的峰进行归属：1699/1706cm^{-1}（C=O伸缩振动），1631/1633cm^{-1}（C=C伸缩振动），1600/1604cm^{-1}（环伸缩振动），1572/1575cm^{-1}（环伸缩振动），1423/1422cm^{-1}（环的C—H摇摆振动），1313/1311cm^{-1}（C—H摇摆振动），1301/1302cm^{-1}（C—H摇摆振动），1249/1248cm^{-1}（C—O伸缩振动），1207/1203cm^{-1}（C—H摇摆振动），1171/1170cm^{-1}（C—H摇摆振动），1116/1114cm^{-1}（CH$_3$摇摆振动），866/863cm^{-1}（CH$_3$、C—O摇摆振动及环呼吸振动），847/848cm^{-1}（C—H摇摆振动），779/778cm^{-1}（环呼吸振动及C—C=C弯曲振动），636/636cm^{-1}（环变形振动），

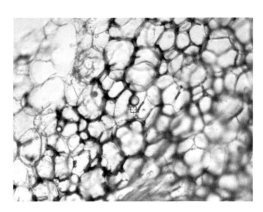

图8.1 显微镜下的山奈根状茎油细胞

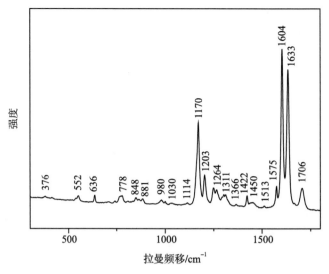

图8.2 山奈根状茎油细胞的拉曼光谱

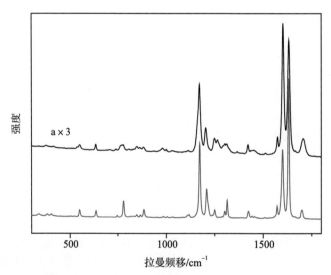

图8.3 山奈根状茎油细胞（a）和甲氧基肉桂酸乙酯（b）的拉曼光谱
×3，表示强度增大3倍

550/552cm⁻¹（环呼吸振动及C—O—C弯曲振动），380/376cm⁻¹（O—C—C弯曲振动）。山奈根状茎油细胞与甲氧基肉桂酸乙酯的峰位相比，无明显的移动，说明山奈根状茎油细胞的主要成分为甲氧基肉桂酸乙酯。这与陈福北、黎强等的研究结论一致，有学者对印度产的山奈和马来西亚产的山奈进行研究，发现其主要挥发物也是甲氧基肉桂酸乙酯。

8.2 小花山柰

Kaempferia parviflora Wall. ex Baker

小花山柰在我国仅云南勐腊有引种，印度、缅甸及泰国亦有分布。其根状茎有抗疲劳、壮阳等功效。

图8.4是显微镜下的小花山柰根状茎油细胞，图8.5是在该油细胞上获得的拉曼光谱。

图8.5中出现了肉桂酸甲酯的特征拉曼光谱，以肉桂酸甲酯/油细胞为序对其进行归属：1712/-cm^{-1}，1638/1632cm^{-1}（C＝C及C＝O伸缩振动）；1597/1603cm^{-1}（环C＝C伸缩振动及C—H摇摆振动）；1496/1498cm^{-1}、1452/1451cm^{-1}、1408/1395cm^{-1}、871/865cm^{-1}（C—H摇摆振动）；1182/1182cm^{-1}（C—H摇摆振动及C—O—C伸缩振动）；1000/1000cm^{-1}（C—O及C—C伸缩振动）；725/731cm^{-1}（环蝶形振动）；507/505cm^{-1}（环变形振动）。

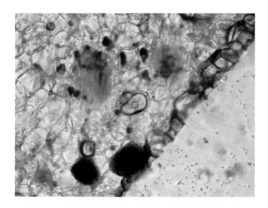

图8.4 显微镜下的小花山柰根状茎油细胞

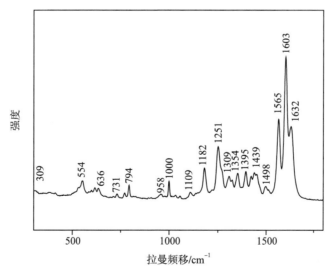

图8.5 小花山柰根状茎油细胞的拉曼光谱

图8.5中还出现了二十碳五烯酸的强峰，以二十碳五烯酸/油细胞为序对其进行归属：1563/1565cm^{-1}（O＝C—O反对称伸缩振动）。

8.3 海南三七

Kaempferia rotunda L.

海南三七产于我国广东、广西、海南、云南、台湾，南亚至东南亚亦有分布。其根状茎药用有消肿止痛的功效，可用于治疗跌打损伤和胃痛。

笔者实验室所用海南三七为2015年8月采于西双版纳，图8.6是显微镜下的海南三七根状茎油细胞，在该油细胞上获得的拉曼光谱见图8.7。

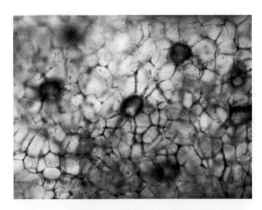

图8.6 显微镜下的海南三七根状茎油细胞

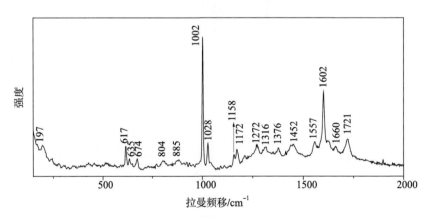

图8.7 海南三七根状茎油细胞的拉曼光谱

图8.8是海南三七油细胞和苯甲酸苄脂（benzyl benzoate，CAS号：120-51-4）的拉曼光谱对比图，从图8.8的a和b谱线可见，两者的峰强、峰位都非常相似。

以苯甲酸苄脂/油细胞为序对谱峰位置相近的峰进行归属：1719/1721cm^{-1}（C═O伸缩振动），1602/1602cm^{-1}、1452/1452cm^{-1}（环伸缩振动），1377/1376cm^{-1}（CH$_2$摇摆振动），1271/1272cm^{-1}（环变形振动及C—O、C—H摇摆振动），1213/1211cm^{-1}（环呼吸振动及C—C伸缩振动），1178/1172cm^{-1}、1160/1158cm^{-1}、1030/1028cm^{-1}、887/885cm^{-1}（C—H摇摆振动），1004/1002cm^{-1}（环呼吸振动），810/804cm^{-1}（环呼吸振动及C—H摇摆振动），675/674cm^{-1}、619/617cm^{-1}（环变形振动及C—H摇摆振动），199/197cm^{-1}（蝶形

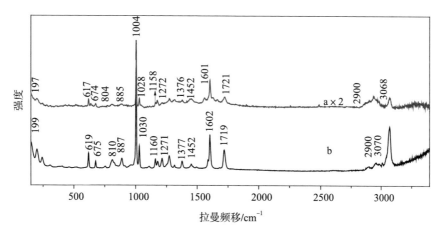

图8.8 海南三七根状茎油细胞（a）和苯甲酸苄脂（b）的拉曼光谱

×2，表示强度增大2倍

振动）。海南三七根状茎油细胞的拉曼光谱与苯甲酸苄脂的拉曼光谱峰形、峰位都一致，由此可判断，海南三七根状茎油细胞的主要成分为苯甲酸苄脂，这与程必强等的研究结果一致。

8.4　结语

本章介绍了3种山奈属植物（山奈、小花山奈、海南三七）的主要成分，它们的主要成分无交叉，分别为甲氧基肉桂酸乙酯、苯甲酸苄脂、肉桂酸甲酯和二十碳五烯酸。其分子结构见图8.9。

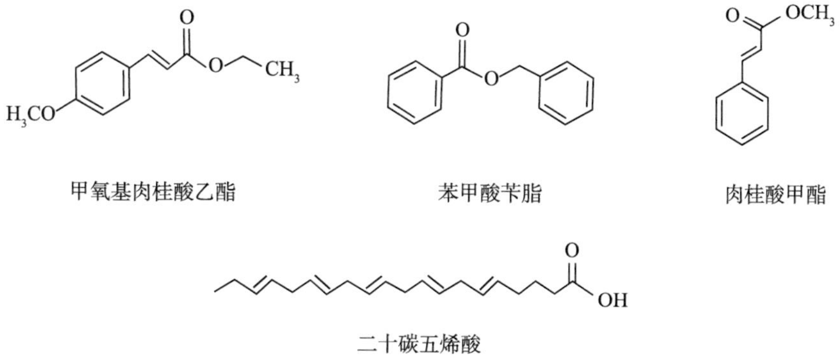

甲氧基肉桂酸乙酯　　　　　苯甲酸苄脂　　　　　肉桂酸甲酯

二十碳五烯酸

图8.9　山奈属植物油细胞中主要成分的分子结构

甲氧基肉桂酸乙酯有广谱抗真菌作用，对深红色发癣菌、酿酒酵母及黑曲霉菌有高度活性；苯甲酸苄脂用于治疗酒渣鼻及毛囊虫症；肉桂酸甲酯具有新鲜的果实香味，可作为制造香水香精及皂用香精的常用香剂，也可用于食用香精；二十碳五烯酸具有调节血脂、软化血管、降低血液黏度的作用，可防止脂肪在血管壁的沉积，预防动脉粥样硬化的形成和发展，预防脑血栓、脑出血、高血压等心血管疾病，有"血管清道夫"之称。

参 考 文 献

陈福北，罗少华，陈少东，等，2009. 山柰（鲜品）挥发油的气相-质谱联用分析. 食品科技，34（12）：305-307.

程必强，喻学俭，丁靖垲，等，2001. 云南香料植物资源及其利用. 昆明：云南科技出版社，330-331.

济南市轻工业研究所，1985. 合成食用香料手册. 北京：轻工业出版社，636.

江纪武，肖庆祥，1986. 植物药有效成分手册. 北京：人民卫生出版社，427.

黎强，余凡，2018. HS-SPME-GC-MS 联用分析不同产地山柰挥发性成分. 中国药师，21（5）：840-846.

司民真，李伦，张川云，等，2019. 新鲜山柰、海南三七油细胞原位拉曼光谱研究. 热带作物学报，40（9）：1817-1822.

司民真，张德清，李伦，等，2018. 姜科植物长柄山姜及茴香砂仁精油原位拉曼光谱研究. 光谱与光谱分析，38（2）：448-543.

吴德邻，刘念，叶育石，2016. 中国姜科植物资源. 武汉：华中科技大学出版社，107-110.

谢爱萍，张学，王立媛，等，2019. 毛细管气相色谱测定食品中二十碳五烯酸和二十二碳六烯酸含量. 中国卫生检验杂志，29（17）：2071-2074.

许戈文，李步青，1996. 合成香料产品技术手册. 北京：中国商业出版社，365-366.

Forton F M N，De Maertelaer V，2019. Treatment of rosacea and demodicosis with benzyl benzoate：effects of different doses on Demodex density and clinical symptoms. J Eur Acad Dermatol Venereol，34（2）：365-369.

Rao V K，Rajasekharan P E，Roy T K，et al，2009. Comparison of essential oil components in rhizomes and in-vitro regenerated whole plants of *Kaempferia galanga* L.. J Med Arom Plant Sci，31（4）：326-329.

Sahoo S，Parida R，Singh S，et al，2014. Evaluation of yield，quality and antioxidant activity of essential oil of in vitro propagated *Kaempferia galanga* Linn. J Acute Dis，3（2）：124-130.

Sukari M A，Mohd Sharif N W，Yap A L C，et al，2008. Chemical constituents variations of essential oils from rhizomes of four Zingberaceae species. Malays J Anal Sci，12（3）：638-644.

Woerdenbag H J，Windono T，Bos R，et al，2004. Composition of the essential oils of *Kaempferia rotunda* L. and Kaempferia angustifolia Roscoe rhizomes from Indonesia. Flav Frag J，19：145-148.

Wong K C，Ong K S，Lim C L，1992. Composition of the essential oil of rhizomes of *Kaempferia galanga* L.. Flav Frag J，7（5）：263-266.

第9章

土 田 七 属

Stahlianthus O.Kuntze

目前，全世界已发现有6种土田七属植物，分布于缅甸、老挝和越南，我国有1种。

土田七

Stahlianthus involucratus（King ex Baker.）R. M. Smith

土田七产于我国福建、广东、广西、海南、云南，印度、泰国亦有分布。其根状茎药用有散瘀消肿、行气止痛的功效，可用于风湿骨痛、跌打损伤、吐血咯血、月经过多、外伤出血。

笔者实验室所用土田七为2015年8月采于西双版纳，图9.1是显微镜下的土田七根状茎油细胞，图9.2是在该油细胞上获得的拉曼光谱。

图9.2中出现了以下几种特征峰。

（1）莰烯（camphene，CAS号：79-92-5）的特征峰，其分子结构见图9.3，以莰烯/油细胞为序对其进行归属：1664/1668cm^{-1}（C＝C伸缩振动）；1498/1492cm^{-1}（CH$_2$剪切振动）；1439/1446cm^{-1}（CH$_3$反对称变形振动）；1429/1424cm^{-1}（CH$_2$变形振动）；1387/1382cm^{-1}（CH$_3$对称变形振动）；1310/1307cm^{-1}（C—H平面摇摆振动）；1223/1232cm^{-1}、1192/1202cm^{-1}（C—CH$_3$的C—C骨架振动）；1161/1168cm^{-1}、1091/1106cm^{-1}（CH$_2$平面摇摆振动）；1070/1060cm^{-1}（CH$_3$平面摇摆振动）；973/981cm^{-1}（C—H非平面摇摆振动）；930/926cm^{-1}（C—C）；895/897cm^{-1}（CH$_2$非平面摇摆振动）；801/807cm^{-1}、673/675cm^{-1}、636/638cm^{-1}（六元环骨架卷曲振动）。

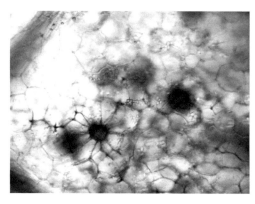

图9.1 显微镜下的土田七根状茎油细胞

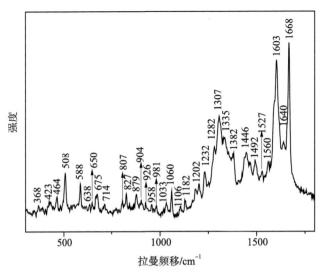

图9.2 土田七根状茎油细胞的拉曼光谱

（2）α-松油烯（CAS号：99-86-5）的特征峰，其分子结构见图9.3，以α-松油烯/油细胞为序对其进行归属：1611/1603cm^{-1}（环的C＝C伸缩振动），1210/1202cm^{-1}、879/879cm^{-1}、753/759cm^{-1}（环变形振动）。

（3）二十碳五烯酸的强峰（CAS号：25378-27-2），其分子结构见图9.3，以二十碳五烯酸/油细胞为序对其进行归属：1563/1560cm^{-1}（O＝C—O反对称伸缩振动）。

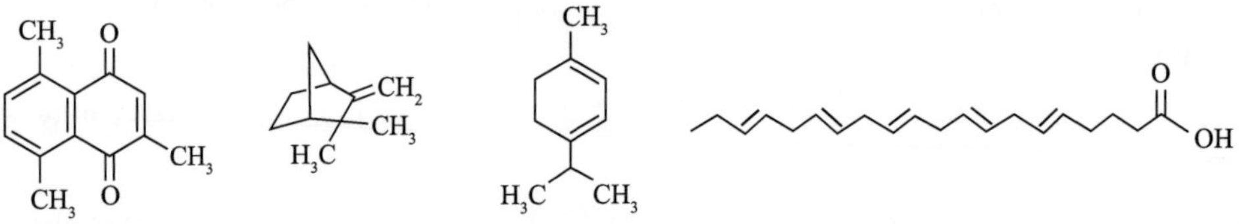

姜三七醌　　　　　茨烯　　　　α-松油烯　　　　　二十碳五烯酸

图9.3 本章植物油细胞中主要成分的分子结构

余竞光等从土田七根状茎挥发油中分离得一鲜黄色针状结晶，定名为姜三七醌（stahlianthusone，CAS号：87018-26-6），其分子结构如图9.3所示，并给出了该物质的红外光谱，红外光谱的峰在图9.2中都有对应的峰。以姜三七醌/油细胞为序对其进行归属：1665/1668cm^{-1}（C＝O伸缩振动）；1632/1640cm^{-1}、1554/1560cm^{-1}（环伸缩振动）；1440/1446cm^{-1}（CH$_3$/CH$_2$ 弯曲振动）；1382/1382cm^{-1}（CH$_3$对称弯曲振动）；1303/1306cm^{-1}（C—H摇摆振动）；1221/1232cm^{-1}（C—CH$_3$的C—C骨架振动）；890/879cm^{-1}、830/827cm^{-1}（环呼吸振动）。

综上可见，土田七油细胞的主要成分为姜三七醌、茨烯、α-松油烯、二十碳五烯酸。方洪拒等用水蒸气蒸馏GC-MS检测其主要挥发物，结果为茨烯（22.69%）、姜三七醌（19.85%）。

茨烯具有抗菌及抑菌作用；α-松油烯具有抗氧化及抗菌活性；二十碳五烯酸具有调

节血脂、软化血管、降低血液黏度的作用，可防止脂肪在血管壁的沉积，预防动脉粥样硬化的形成和发展，预防脑血栓、脑出血、高血压等心血管疾病，有"血管清道夫"之称。

参 考 文 献

蔡茂略，罗太昭，梁丽贞，1982. 萜类化合物的激光喇曼光谱. 中国激光，10（6）：347-350.

方洪钜，余竞光，房其年，等，1984. 我国姜科药用植物研究Ⅵ姜三七挥发油化学成分分析. 色谱，1（1）：35-37.

孟雪，王志英，孟庆敏，等，2015. 吊金钱和鸭跖草挥发物主要成分的抑菌作用. 河南农业科学，44（8）：87-91.

魏珊，吴婷，李敏，等，2016. 不同产地连翘挥发油主要成分分析及抗菌活性研究. 中国实验方剂学杂志，22（4）：69-74.

吴德邻，刘念，叶育石，2016. 中国姜科植物资源. 武汉：华中科技大学出版社，121.

谢爱萍，张学，王立媛，等，2019. 毛细管气相色谱测定食品中二十碳五烯酸和二十二碳六烯酸含量. 中国卫生检验杂志，29（17）：2071-2074.

余竞光，陈毓亨，方洪钜，等，1983. 我国姜科药用植物研究——Ⅳ.姜三七醌（stahlianthusone）的化学结构. 药学学报，15（11）：839-842.

de Morais Oliveira-Tintino C D，Tintino S R，Limaverde P W，et al，2018. Inhibition of the essential oil from *Chenopodium ambrosioides* L. and α-terpinene on the NorA efflux-pump of *Staphylococcus aureus*. Food Chem，262：72-77.

Hanif M A，Nawaz H，Naz S，et al，2017. Raman spectroscopy for the characterization of different fractions of hemp essential oil extracted at 130℃ using steam distillation method. Spectrochimica Acta Part A Mol Biomol Spectrosc，182：168-174.

Limaverde P W，Campina F F，da Cunha F A B，et al，2017. Inhibition of the TetK efflux-pump by the essential oil of *Chenopodium ambrosioides* L. and α-terpinene against *Staphylococcus aureus* IS-58. Food Chem Toxicol，109（2）：957-961.

Quiroga P R，Nepote V，Baumgartner M T，2019. Contribution of organic acids to α-terpinene antioxidant activity. Food Chem，277：267-272.

Socrates G，2001. Infrared and Raman Characteristic Group Frequencies（Tables and Charts）. 3rd ed. New Jersey：John Wiley& Sons，125-129.

第10章

姜　属
Zingiber Mill

全世界约有150种姜属植物，其分布于亚洲热带、亚热带地区；我国有45种。

10.1　多毛姜

Zingiber densissimum S. Q. Tong & Y. M. Xia

多毛姜产于我国云南南部，泰国亦有分布。

笔者实验室所用多毛姜为2015年8月采于云南西双版纳，多毛姜有球茎根和根状茎，两种根上获得的拉曼光谱不同。图10.1是显微镜下的多毛姜球茎根油细胞，图10.2是在该油细胞上获得的拉曼光谱。

图10.2中出现了以下几种特征峰。

（1）香茅醛的特征峰，以香茅醛/油细胞为序对其进行归属：1725/1725cm^{-1}（C═O伸缩振动），1674/1684cm^{-1}（C═C伸缩振动），1382/1386cm^{-1}（CH$_3$对称弯曲振动）。

（2）较强的谱峰744cm^{-1}为百里香酚的环振动。

（3）芳樟醇的特征峰，以芳樟醇/油细胞为序对其进行归属：1676/1684cm^{-1}（重叠，C═C伸缩振动），1644/1643cm^{-1}（C═C伸缩振动），1454/1441cm^{-1}（CH$_3$/CH$_2$弯曲振动），1383/1386cm^{-1}（CH$_3$弯曲振动），1294/1296cm^{-1}（═CH摇摆振动），805/799cm^{-1}（与—OH相关的振动）。

（4）柠檬烯的特征峰，以柠檬烯/油细胞为序，对主要的峰进行归属：1678/1684cm^{-1}（环己烯的C═C伸缩振动），1645/1643cm^{-1}（乙烯基的C═C伸缩振动），1435/1441cm^{-1}

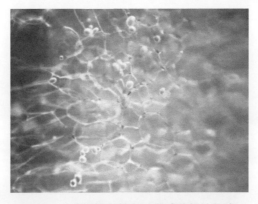

图10.1　显微镜下的多毛姜球茎根油细胞

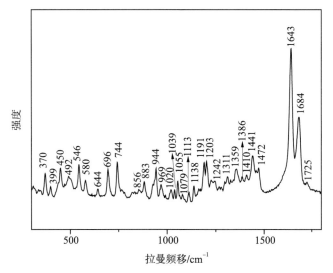

图10.2 多毛姜球茎根油细胞的拉曼光谱

（CH_3/CH_2 弯曲振动），760/767cm^{-1}（环变形振动）。

（5）β-蒎烯的特征峰，以β-蒎烯/油细胞为序对其进行归属：1644/1643cm^{-1}（C＝C 伸缩振动），1440/1441cm^{-1}（CH_3/CH_2 弯曲振动），645/644cm^{-1}（环变形振动）。

（6）α-松油醇的特征峰，以α-松油醇/油细胞为序对其进行归属：1678/1684cm^{-1}（C＝C 伸缩振动），1141/1138cm^{-1}（C＝C 伸缩振动），757/764cm^{-1}（C＝C 伸缩振动）。

（7）香芹酮的特征峰，以香芹酮/油细胞为序对其进行归属：1670/1684cm^{-1}（C＝C 伸缩振动），1644/1643cm^{-1}（C＝C 伸缩振动），680 ～ 700/696cm^{-1}（环变形振动）。

（8）β-榄香烯的特征峰，以β-榄香烯/油细胞为序对其进行归属：1642/1643cm^{-1}（C＝C 伸缩振动），1413/1410cm^{-1}（H—C—H＋C—C—H变角振动），1003/1020cm^{-1}、886/883cm^{-1}（烯键上氢原子面外弯曲振动）。

可见，多毛姜球茎根油细胞的主要成分为香茅醛、百里香酚、芳樟醇、柠檬烯、β-蒎烯、α-松油醇、香芹酮、β-榄香烯。

图10.3是显微镜下的多毛姜根状茎油细胞，图10.4是在该油细胞上获得的拉曼光谱。

图10.3 显微镜下的多毛姜根状茎油细胞

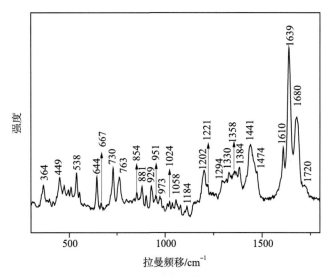

图10.4 多毛姜根状茎油细胞的拉曼光谱

图10.4中出现了以下几种特征峰。

（1）对伞花烃的特征峰，以对伞花烃/油细胞为序对其进行归属：1613/1610cm^{-1}（C＝C伸缩振动）；1442/1441cm^{-1}（CH$_3$对称弯曲振动）；1378/1384cm^{-1}（CH$_3$反对称弯曲振动）；1208/1202cm^{-1}、1185/1184cm^{-1}（C—C伸缩振动）；817/817cm^{-1}、803/801cm^{-1}（环呼吸振动）。

（2）香茅醛的特征峰，以香茅醛/油细胞为序对其进行归属：1725/1720cm^{-1}（C＝O伸缩振动），1674/1680cm^{-1}（C＝C伸缩振动），1382/1384cm^{-1}（CH$_3$对称弯曲振动）。

（3）芳樟醇的特征峰，以芳樟醇/油细胞为序对其进行归属：1676/1680cm^{-1}（重叠，C＝C伸缩振动），1644/1639cm^{-1}（C＝C伸缩振动），1454/1441cm^{-1}（CH$_3$/CH$_2$弯曲振动），1383/1384cm^{-1}（CH$_3$弯曲振动），1294/1294cm^{-1}（＝CH摇摆振动），805/801cm^{-1}（与—OH相关的振动）。

（4）柠檬烯的特征峰，以柠檬烯/油细胞为序，对主要的峰进行归属：1678/1680cm^{-1}（环己烯的C＝C伸缩振动），1645/1639cm^{-1}（乙烯基的C＝C伸缩振动），1435/1441cm^{-1}（CH$_3$/CH$_2$弯曲振动），760/763cm^{-1}（环变形振动）。

（5）β-蒎烯的特征峰，以β-蒎烯/油细胞为序对其进行归属：1644/1639cm^{-1}（C＝C伸缩振动），1440/1441cm^{-1}（CH$_3$/CH$_2$弯曲振动），645/644cm^{-1}（环变形振动）。

（6）α-松油醇的特征峰，以α-松油醇/油细胞为序对其进行归属：1678/1680cm^{-1}（C＝C伸缩振动），1141/1141cm^{-1}（C＝C伸缩振动），757/763cm^{-1}（C＝C伸缩振动）。

（7）β-榄香烯的特征峰，以β-榄香烯/油细胞为序对其进行归属：1642/1639cm^{-1}（C＝C伸缩振动），1413/1421cm^{-1}（H—C—H＋C—C—H变角振动），1003/1024cm^{-1}、886/881cm^{-1}（烯键上氢原子面外弯曲振动）。

多毛姜根状茎油细胞的主要成分为对伞花烃、香茅醛、芳樟醇、柠檬烯、β-蒎烯、α-松油醇、β-榄香烯。

综合球茎根及根状茎，多毛姜油细胞的主要成分为伞花烃、香茅醛、百里香酚、芳樟醇、柠檬烯、β-蒎烯、α-松油醇、香芹酮、β-榄香烯。

10.2　黄斑姜

Zingiber flavomaculosum S. Q. Tong

黄斑姜产于云南勐腊、景洪。

笔者实验室所用黄斑姜为2017年8月采于西双版纳，图10.5为显微镜下的黄斑姜根状茎油细胞，图10.6是与之对应的拉曼光谱。

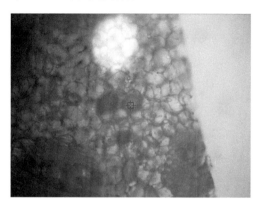

图10.5　显微镜下的黄斑姜根状茎油细胞

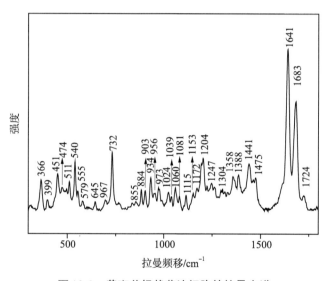

图10.6　黄斑姜根状茎油细胞的拉曼光谱

图10.6中出现了以下几种特征峰。

（1）香茅醛的特征峰，以香茅醛/油细胞为序对其进行归属：1725/1724cm^{-1}（C＝O伸缩振动），1674/1683cm^{-1}（重叠，C＝C伸缩振动），1382/1388cm^{-1}（CH$_3$对称弯曲振动）。

（2）4-萜烯醇的特征峰，以4-萜烯醇/油细胞为序对其进行归属：1679/1683cm^{-1}（C＝C伸缩振动），887/884cm^{-1}、924/934cm^{-1}（C—H及CH$_2$摇摆振动），730/732cm^{-1}（环变形振动）。

（3）柠檬烯的特征峰，以柠檬烯/油细胞为序，对主要的峰进行归属：1678/1683cm^{-1}（环己烯的C＝C伸缩振动），1645/1641cm^{-1}（乙烯基的C＝C伸缩振动），1435/1441cm^{-1}（CH$_3$/CH$_2$弯曲振动），760/765cm^{-1}（环变形振动）。

（4）β-蒎烯的特征峰，以β-蒎烯/油细胞为序对其进行归属：1644/1641cm⁻¹（C＝C伸缩振动），1440/1441cm⁻¹（CH₃/CH₂弯曲振动），645/645cm⁻¹（环变形振动）。

（5）β-榄香烯的特征峰，以β-榄香烯/油细胞为序对其进行归属：1642/1641cm⁻¹（C＝C伸缩振动），1413/1414cm⁻¹（H－C－H＋C－C－H变角振动），1003/1007cm⁻¹、886/884cm⁻¹（烯键上氢原子面外弯曲振动）。

可见黄斑姜根状茎油细胞的主要成分为香茅醛、4-萜烯醇、柠檬烯、β-蒎烯、β-榄香烯。

田倩等用GC-MC法分析了产于西双版纳黄斑姜茎叶的挥发物，其主要成分为4-萜烯醇、柠檬烯、β-蒎烯，分别占总挥发物的0.07%、1.06%、34%。

10.3 古林姜

Zingiber gulinense Y. M. Xia

古林姜产于云南省文山州马关县。

笔者实验室所用古林姜为2019年7月采于马关县，图10.7是显微镜下的古林姜根状茎油细胞，图10.8是在该油细胞上获得的拉曼光谱。

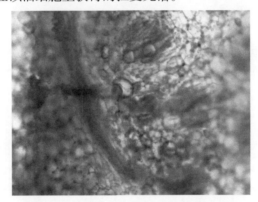

图10.7　显微镜下的古林姜根状茎油细胞

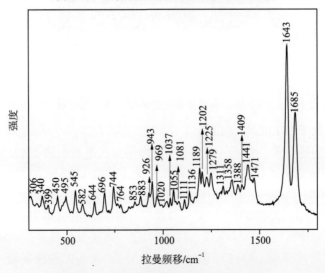

图10.8　古林姜根状茎油细胞的拉曼光谱

图10.8中出现了以下几种特征峰。

（1）较强的谱峰744cm^{-1}为百里香酚的环振动。

（2）芳樟醇的特征峰，以芳樟醇/油细胞为序对其进行归属：1676/1685cm^{-1}（重叠，C＝C伸缩振动），1644/1643cm^{-1}（C＝C伸缩振动），1454/1441cm^{-1}（CH$_3$/CH$_2$弯曲振动），1383/1388cm^{-1}（CH$_3$弯曲振动），1294/1302cm^{-1}（＝CH摇摆振动），805/-cm^{-1}（与—OH相关的振动）。

（3）柠檬烯的特征峰，以柠檬烯/油细胞为序，对主要的峰进行归属：1678/1685cm^{-1}（环己烯的C＝C伸缩振动），1645/1643cm^{-1}（乙烯基的C＝C伸缩振动），1435/1441cm^{-1}（CH$_3$/CH$_2$弯曲振动），760/764cm^{-1}（环变形振动）。

（4）β-蒎烯的特征峰，以β-蒎烯/油细胞为序对其进行归属：1644/1643cm^{-1}（C＝C伸缩振动），1440/1441cm^{-1}（CH$_3$/CH$_2$弯曲振动），645/644cm^{-1}（环变形振动）。

（5）α-松油醇的特征峰，以α-松油醇/油细胞为序对其进行归属：1678/1685cm^{-1}（C＝C伸缩振动），1141/1136cm^{-1}（C＝C伸缩振动），757/764cm^{-1}（C＝C伸缩振动）。

（6）香芹酮的特征峰，以香芹酮/油细胞为序对其进行归属：1670/1685cm^{-1}（C＝C伸缩振动），1644/1643cm^{-1}（C＝C伸缩振动），680～700/696cm^{-1}（环变形振动）。

（7）β-榄香烯的特征峰，以β-榄香烯/油细胞为序对其进行归属：1642/1643cm^{-1}（C＝C伸缩振动），1413/1409cm^{-1}（H—C—H＋C—C—H变角振动），1003/992cm^{-1}、886/883cm^{-1}（烯键上氢原子面外弯曲振动）。

可见，古林姜油细胞的主要成分为百里香酚、芳樟醇、柠檬烯、β-蒎烯、α-松油醇、香芹酮、β-榄香烯。

10.4 勐海姜
Zingiber menghaiense S. Q. Tong

勐海姜产于云南勐海、景洪。

笔者实验室所用勐海姜为2015年8月采于西双版纳，图10.9是显微镜下的勐海姜根状茎油细胞，图10.10是在该油细胞上获得的拉曼光谱。

图10.10中出现了以下几种特征峰。

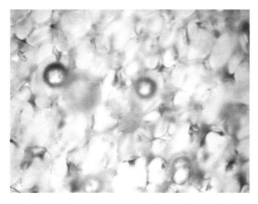

图10.9　显微镜下的勐海姜根状茎油细胞

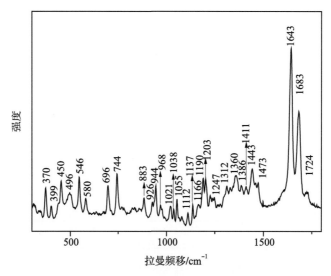

图10.10　勐海姜根状茎油细胞的拉曼光谱

（1）香茅醛的特征峰，以香茅醛/油细胞为序对其进行归属：1725/1724cm^{-1}（C＝O伸缩振动），1674/1683cm^{-1}（重叠，C＝C伸缩振动），1382/1386cm^{-1}（CH$_3$对称弯曲振动）。

（2）香芹酮的特征峰，以香芹酮/油细胞为序对其进行归属：1670/1683cm^{-1}（C＝C伸缩振动），1644/1643cm^{-1}（C＝C伸缩振动），680～700/696cm^{-1}（环变形振动）。

（3）较强的谱峰744 cm^{-1}为百里香酚的环振动。

（4）芳樟醇的特征峰，以芳樟醇/油细胞为序对其进行归属：1676/1683cm^{-1}（重叠，C＝C伸缩振动），1644/1643cm^{-1}（C＝C伸缩振动），1454/1460cm^{-1}（CH$_3$/CH$_2$弯曲振动），1383/1386cm^{-1}（CH$_3$弯曲振动），1294/1312cm^{-1}（＝CH摇摆振动），805/814cm^{-1}（与—OH相关的振动）。

（5）β-榄香烯的特征峰，以β-榄香烯/油细胞为序对其进行归属：1642/1643cm^{-1}（C＝C伸缩振动），1413/1411cm^{-1}（H—C—H＋C—C—H变角振动），1003/1007cm^{-1}、886/883cm^{-1}（烯键上氢原子面外弯曲振动）。

综上，可见勐海姜根状茎油细胞中的主要成分为香茅醛、香芹酮、百里香酚、芳樟醇、β-榄香烯。

10.5　蘘荷

Zingiber mioga（Thunb.）Rosc.

蘘荷产于我国华东、华南及云南，日本亦有分布。其根状茎、叶、花序及果药用有调经、镇咳祛痰、消肿解毒的功效。

笔者实验室所用蘘荷为2019年7月采于云南省文山州马关县，图10.11是显微镜下的家种蘘荷根状茎油细胞，图10.12是在其上获得的拉曼光谱；图10.13是显微镜下的家种蘘荷花柄油细胞，图10.14是在其上获得的拉曼光谱；图10.15是显微镜下的野生蘘荷根状茎油细胞，图10.16是在其上获得的拉曼光谱；图10.17是显微镜下的野生蘘荷花柄油细胞，图10.18是在其上获得的拉曼光谱。图10.19是4种蘘荷油细胞拉曼光谱的比较。

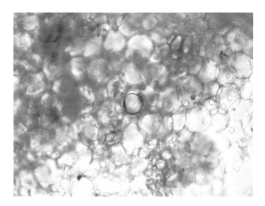

图10.11 显微镜下的家种蘘荷根状茎油细胞

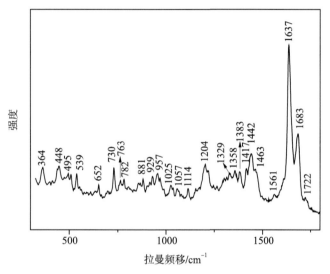

图10.12 家种蘘荷根状茎油细胞的拉曼光谱

图10.12中出现了以下几种特征峰。

（1）香茅醛的特征峰，以香茅醛/油细胞为序对其进行归属：1725/1722cm^{-1}（C＝O伸缩振动），1674/1683cm^{-1}（C＝C伸缩振动），1382/1383cm^{-1}（CH$_3$对称弯曲振动）。

（2）4-萜烯醇的特征峰，以4-萜烯醇/油细胞为序对其进行归属：1679/1683cm^{-1}（C＝C伸缩振动），887/881cm^{-1}、924/929cm^{-1}（C—H及CH$_2$摇摆振动），730/730cm^{-1}（环变形振动）。

（3）柠檬烯的特征峰，以柠檬烯/油细胞为序，对主要的峰进行归属：1678/1683cm^{-1}（环己烯的C＝C伸缩振动），1645/1637cm^{-1}（乙烯基的C＝C伸缩振动），1435/1442cm^{-1}（CH$_2$/CH$_3$弯曲振动），760/763cm^{-1}（环变形振动）。

（4）1,8-桉油精的特征峰652cm^{-1}（环呼吸振动）。

（5）β-榄香烯的特征峰，以β-榄香烯/油细胞为序对其进行归属：1642/1637cm^{-1}（C＝C伸缩振动），1413/1417cm^{-1}（H—C—H＋C—C—H变角振动），1003/1007cm^{-1}、886/881cm^{-1}（烯键上氢原子面外弯曲振动）。

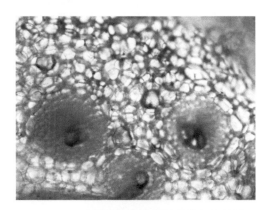

图 10.13　显微镜下的家种蘘荷花柄油细胞

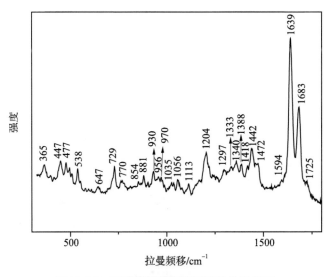

图 10.14　家种蘘荷花柄油细胞的拉曼光谱

图 10.15　显微镜下的野生蘘荷根状茎油细胞

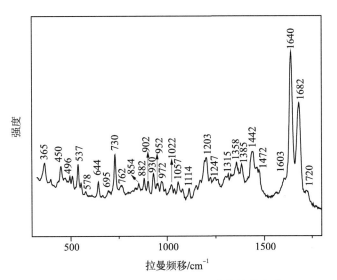

图 10.16　野生蘘荷根状茎油细胞的拉曼光谱

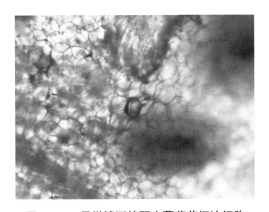

图 10.17　显微镜下的野生蘘荷花柄油细胞

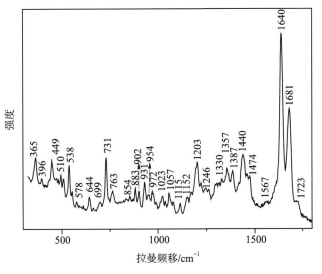

图 10.18　野生蘘荷花柄油细胞的拉曼光谱

对比图10.12及图10.14，两者的峰形、峰位基本相同，但图10.12中出现了1,8-桉油精的特征峰（652cm⁻¹处），而图10.14中出现的是β-蒎烯的特征峰，以β-蒎烯/蘘荷花柄油细胞为序对其进行归属：1644/1639cm⁻¹（C＝C伸缩振动），1440/1442cm⁻¹（CH$_3$/CH$_2$弯曲振动），645/647cm⁻¹（环变形振动）。

可见家种蘘荷根状茎、花柄油细胞的共有成分为香茅醛、4-萜烯醇、柠檬烯、β-榄香烯。蘘荷根状茎油细胞的特有成分为1,8-桉油精，花柄油细胞的特有成分为β-蒎烯。

比较图10.16与图10.18，两者的峰形、峰位基本相同，因此两者油细胞的主要成分一致。再比较图10.16与图10.14，两者的峰形、峰位基本相同，因此两者油细胞的主要成分一致，为香茅醛、4-萜烯醇、柠檬烯、β-榄香烯、β-蒎烯。即野生蘘荷根状茎、野生蘘荷花柄、家种蘘荷花柄油细胞的主要成分一致，均为香茅醛、4-萜烯醇、柠檬烯、β-蒎烯、β-榄香烯。而家种蘘荷根状茎油细胞的主要成分为香茅醛、4-萜烯醇、柠檬烯、1,8-桉油精、β-榄香烯。

图10.19给出了四者的对比图。

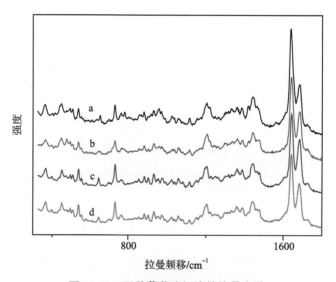

图10.19　四种蘘荷油细胞的拉曼光谱

a.家种蘘荷根状茎油细胞；b.家种蘘荷花柄油细胞；c.野生蘘荷根状茎油细胞；d.野生蘘荷花柄油细胞

10.6　截形姜

Zingiber neotruncatum

截形姜产于云南孟连、景洪及畹町。

笔者实验室所用截形姜为2015年8月采于西双版纳，在截形姜根状茎油细胞上获得了2种不同的拉曼光谱。图10.20是显微镜下的截形姜根状茎油细胞A，在其上获得的拉曼光谱见图10.21。图10.22是显微镜下的截形姜根状茎油细胞B，在其上获得的拉曼光谱见图10.23。

图10.20 显微镜下的截形姜根状茎油细胞A

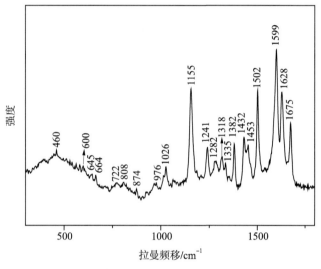

图10.21 截形姜根状茎油细胞A的拉曼光谱

图10.21中出现了以下几种特征谱。

（1）番茄红素的特征谱，以番茄红素/油细胞A为序对其进行归属：1510/1502cm⁻¹（C=C伸缩振动），1156/1155cm⁻¹（C—C伸缩振动），1004/1013cm⁻¹（C—C面内摇摆振动）。

（2）β-月桂烯（β-myrcene）的特征谱，以β-月桂烯/油细胞A为序对其进行归属：1672/1675cm⁻¹（C=C伸缩振动），1634/1628cm⁻¹（C=C伸缩振动），1293/1282cm⁻¹［（—CH₂）₂摇摆振动］。

（3）4-烯丙基苯甲醚的特征谱，以4-烯丙基苯甲醚/油细胞A为序对其进行归属：1640/1628cm⁻¹（C=C伸缩振动），1610/1599cm⁻¹（C=C伸缩振动），1179/1184cm⁻¹（C—H弯曲振动），1299/1303cm⁻¹（=CH摇摆振动）。

（4）姜烯的拉曼光谱，以姜烯/油细胞A为序对其进行归属：1674/1675cm⁻¹、1588/1599cm⁻¹（C=C伸缩振动）；1467/1453cm⁻¹（CH₂剪切振动）；1369/1382cm⁻¹、1298/1282cm⁻¹（C—H摇摆振动）；1033/1026cm⁻¹（C—C伸缩振动）；865/874cm⁻¹（骨架振动）；809/808cm⁻¹（CH₂扭曲振动）；750/772cm⁻¹（CH₂摇摆振动）；920/928cm⁻¹（环变形振动）。

可见，截形姜根状茎油细胞A的主要成分为番茄红素、β-月桂烯、4-烯丙基苯甲醚、姜烯。

图10.22　显微镜下的截形姜根状茎油细胞B

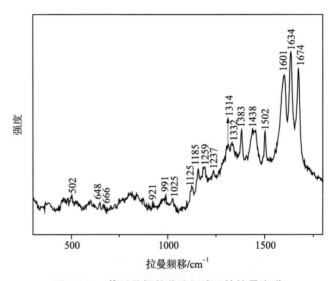

图10.23　截形姜根状茎油细胞B的拉曼光谱

图10.23中出现了以下几种特征谱。

（1）β-石竹烯的特征峰，以β-石竹烯/油细胞B为序对其进行归属：1679/1674cm⁻¹（C—C伸缩振动），1632/1634cm⁻¹（C=C伸缩振动），1446/1444cm⁻¹（CH₃/CH₂弯曲振动），769/769cm⁻¹（烯烃C—H面外弯曲振动）、645/648cm⁻¹（环变形振动）。

（2）姜烯的拉曼光谱，以姜烯/油细胞B为序对其进行归属：1674/1674cm⁻¹、1588/1601cm⁻¹（C=C伸缩振动）；1467/1453cm⁻¹（CH₂剪切振动）；1369/1383cm⁻¹、1298/1296cm⁻¹、1092/1099cm⁻¹（C—H摇摆振动）；1192/1193cm⁻¹、1165/1159cm⁻¹、1033/1025cm⁻¹（C—C伸缩振动）；1014/991cm⁻¹、865/874cm⁻¹（骨架振动）；809/807cm⁻¹（CH₂扭曲振动）；750/769cm⁻¹（CH₂摇摆振动）；920/921cm⁻¹（环变形振动）。

（3）4-烯丙基苯甲醚的特征谱，以4-烯丙基苯甲醚/油细胞B为序对其进行归属：1640/1634cm⁻¹（C=C伸缩振动），1610/1601cm⁻¹（C=C伸缩振动），1179/1185cm⁻¹（C—H

可见，截形姜根状茎油细胞A的主要成分为番茄红素、β-月桂烯、4-烯丙基苯甲醚、姜烯。

图10.22　显微镜下的截形姜根状茎油细胞B

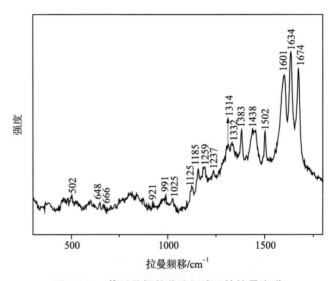

图10.23　截形姜根状茎油细胞B的拉曼光谱

图10.23中出现了以下几种特征谱。

（1）β-石竹烯的特征峰，以β-石竹烯/油细胞B为序对其进行归属：$1679/1674\text{cm}^{-1}$（C—C伸缩振动），$1632/1634\text{cm}^{-1}$（C=C伸缩振动），$1446/1444\text{cm}^{-1}$（CH_3/CH_2弯曲振动），$769/769\text{cm}^{-1}$（烯烃C—H面外弯曲振动）、$645/648\text{cm}^{-1}$（环变形振动）。

（2）姜烯的拉曼光谱，以姜烯/油细胞B为序对其进行归属：$1674/1674\text{cm}^{-1}$、$1588/1601\text{cm}^{-1}$（C=C伸缩振动）；$1467/1453\text{cm}^{-1}$（CH_2剪切振动）；$1369/1383\text{cm}^{-1}$、$1298/1296\text{cm}^{-1}$、$1092/1099\text{cm}^{-1}$（C—H摇摆振动）；$1192/1193\text{cm}^{-1}$、$1165/1159\text{cm}^{-1}$、$1033/1025\text{cm}^{-1}$（C—C伸缩振动）；$1014/991\text{cm}^{-1}$、$865/874\text{cm}^{-1}$（骨架振动）；$809/807\text{cm}^{-1}$（CH_2扭曲振动）；$750/769\text{cm}^{-1}$（CH_2摇摆振动）；$920/921\text{cm}^{-1}$（环变形振动）。

（3）4-烯丙基苯甲醚的特征谱，以4-烯丙基苯甲醚/油细胞B为序对其进行归属：$1640/1634\text{cm}^{-1}$（C=C伸缩振动），$1610/1601\text{cm}^{-1}$（C=C伸缩振动），$1179/1185\text{cm}^{-1}$（C—H

弯曲振动），1299/1295cm^{-1}（＝CH摇摆振动）。

（4）β-月桂烯的特征谱，以β-月桂烯/油细胞B为序对其进行归属：1672/1674cm^{-1}（C＝C伸缩振动），1634/1634cm^{-1}（C＝C伸缩振动），1293/1295cm^{-1}［（—CH$_2$）$_2$摇摆振动］。

截形姜根状茎油细胞B的主要成分为β-石竹烯、β-月桂烯、4-烯丙基苯甲醚、姜烯。

综上，截形姜根状茎油细胞的主要成分为β-石竹烯、β-月桂烯、4-烯丙基苯甲醚、番茄红素、姜烯。

10.7 姜

Zingiber officinale Roscoe

姜在亚洲热带地区被广泛栽培，在我国和印度都有悠久的栽培历史。其根状茎药用有开胃止呕、化痰止咳、发汗解表的功效。药理实验证明其有抗炎、强心、降压、抗血小板聚集、调血脂、降血糖、抗氧化、抗辐射等作用。

笔者实验室所用鲜姜为2015年7月购于云南楚雄，图10.24是显微镜下的姜根状茎油细胞，图10.25是在该油细胞上获得的拉曼光谱。

图中10.25中出现了以下几种特征峰。

（1）姜烯的拉曼光谱，以姜烯/油细胞为序对其进行归属：1674/1675cm^{-1}、1588/1600cm^{-1}（C＝C伸缩振动）；1467/1452cm^{-1}（CH$_2$剪切振动）；1369/1381cm^{-1}、1298/1303cm^{-1}、1092/1090cm^{-1}（C—H摇摆振动）；1192/1189cm^{-1}、1165/1156cm^{-1}（C—C伸缩振动）；1014/1010cm^{-1}、865/876cm^{-1}（骨架振动）；809/799cm^{-1}（CH$_2$扭曲振动）；750/760cm^{-1}、680/670cm^{-1}（CH$_2$摇摆振动）；920/926cm^{-1}（环变形振动）。

（2）β-石竹烯的特征峰，以β-石竹烯/油细胞为序对其进行归属：1679/1675cm^{-1}（C＝C伸缩振动），1632/1636cm^{-1}（C＝C伸缩振动），1446/1452cm^{-1}（CH$_3$/CH$_2$弯曲振动），769/760cm^{-1}（烯烃C—H面外弯曲振动）、645/648cm^{-1}（环变形振动）。

（3）对伞花烃的特征峰，以对伞花烃/油细胞为序，对主要的峰进行归属：1613/1600cm^{-1}（C＝C伸缩振动）；1442/1452cm^{-1}（CH$_3$对称弯曲振动）；1378/1381cm^{-1}（CH$_3$反对称弯曲振动）；1208/1206cm^{-1}、1185/1189cm^{-1}（C—C伸缩振动）；817/817cm^{-1}、

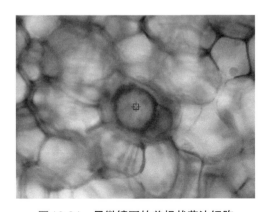

图10.24 **显微镜下的姜根状茎油细胞**

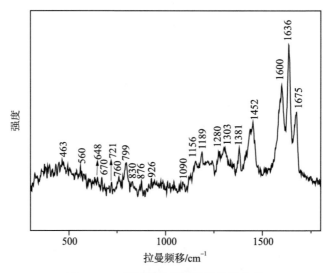

图10.25　姜根状茎油细胞的拉曼光谱

803/799cm^{-1}（环呼吸振动）。

（4）β-榄香烯的特征峰，以β-榄香烯/油细胞为序对其进行归属：1642/1636cm^{-1}（C＝C伸缩振动），1413/1416cm^{-1}（H—C—H＋C—C—H变角振动），1003/1007cm^{-1}、886/882cm^{-1}（烯键上氢原子面外弯曲振动）。

可见姜根状茎油细胞的主要成分为姜烯、β-石竹烯、对伞花烃、β-榄香烯。

李祖强等研究了云南宜良县姜的挥发物，其中姜烯占23.8%，β-石竹烯占13.12%，榄香烯占0.16%。

10.8　圆瓣姜

Zingiber orbiculatum S. Q. Tong

圆瓣姜产于云南勐腊。

笔者实验室所用圆瓣姜为2017年8月采于西双版纳，图10.26是显微镜下的圆瓣姜根状茎油细胞，图10.27是与之对应的油细胞拉曼光谱。

图10.26　显微镜下的圆瓣姜根状茎油细胞

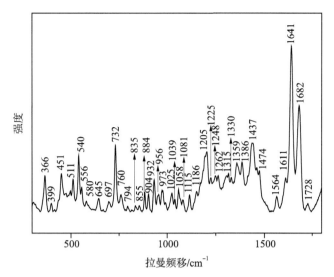

图 10.27　圆瓣姜根状茎油细胞的拉曼光谱

图10.27中出现了以下几种特征峰。

（1）香茅醛的特征拉曼光谱，以香茅醛/油细胞为序对其进行归属：1725/1728cm^{-1}（C＝O伸缩振动），1674/1682cm^{-1}（重叠，C＝C伸缩振动），1382/1386cm^{-1}（CH$_3$对称弯曲振动）。

（2）4-萜烯醇的特征峰，以4-萜烯醇/油细胞为序对其进行归属：1679/1682cm^{-1}（C＝C伸缩振动），887/884cm^{-1}、924/932cm^{-1}（C—H及CH$_2$摇摆振动）、730/732cm^{-1}（环变形振动）。

（3）柠檬烯的特征峰，以柠檬烯/油细胞为序，对主要的峰进行归属：1678/1682cm^{-1}（环己烯的C＝C伸缩振动），1645/1641cm^{-1}（乙烯基的C＝C伸缩振动），1435/1437cm^{-1}（CH$_3$/CH$_2$弯曲振动），760/760cm^{-1}（环变形振动）。

（4）β-蒎烯的特征峰，以β-蒎烯/油细胞为序对其进行归属：1644/1641cm^{-1}（C＝C伸缩振动），1440/1437cm^{-1}（CH$_3$/CH$_2$弯曲振动），645/645cm^{-1}（环变形振动）。

（5）对伞花烃的特征峰，以对伞花烃/油细胞为序对其进行归属：1613/1611cm^{-1}（C＝C伸缩振动）；1442/1437cm^{-1}（CH$_3$对称弯曲振动）；1378/1386cm^{-1}（CH$_3$反对称弯曲振动）；1208/1205cm^{-1}、1185/1186cm^{-1}（C—C伸缩振动）；817/814cm^{-1}、803/794cm^{-1}（环呼吸振动）。

（6）β-榄香烯的特征峰，以β-榄香烯/油细胞为序对其进行归属：1642/1641cm^{-1}（C＝C伸缩振动），1413/1415cm^{-1}（H—C—H＋C—C—H变角振动），1003/991cm^{-1}、886/884cm^{-1}（烯键上氢原子面外弯曲振动）。

可见圆瓣姜根状茎油细胞的主要成分为香茅醛、4-萜烯醇、柠檬烯、β-蒎烯、对伞花烃、β-榄香烯。

田倩等获得了圆瓣姜茎叶的挥发性成分，即柠檬烯、β-蒎烯、β-榄香烯，各占总挥发性成分的0.69%、3.5%、5.45%。

10.9 紫色姜

Zingiber montanum

紫色姜为双姜胃痛丸的主药之一，具有发表、散寒、止呕、解毒、行气破瘀等功效。紫色姜在我国南部与东南部有栽培，印度、斯里兰卡及柬埔寨等有分布或栽培。其可用于治食积胀满、肝脾大、食滞发呕等。

笔者实验室所用紫色姜为2015年8月采于西双版纳，图10.28是显微镜下的紫色姜根状茎油细胞，图10.29是与之对应的拉曼光谱。

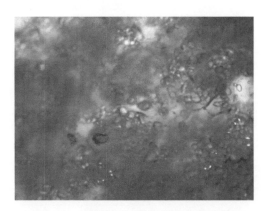

图10.28　显微镜下的紫色姜根状茎油细胞

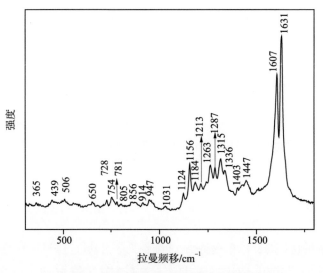

图10.29　紫色姜根状茎油细胞的拉曼光谱

图10.29中出现了以下几种特征峰。

（1）甲氧基肉桂酸乙酯的特征峰，以甲氧基肉桂酸乙酯/油细胞为序对其进行归属：1699/1700cm^{-1}（C＝O伸缩振动），1632/1631cm^{-1}（C＝C伸缩振动），1600/1607cm^{-1}（C—C伸缩振动），1423/1431cm^{-1}（环的C—C伸缩振动及C—H摇摆振动），1313/1315cm^{-1}（C—H摇摆振动），1249/1241cm^{-1}（C—O伸缩振动及C—H摇摆振动），1207/1213cm^{-1}

（C—O伸缩振动及C—H摇摆振动），1171/1184cm^{-1}（C—H摇摆振动），1116/1124cm^{-1}（CH$_3$摇摆振动），866/871cm^{-1}（CH$_3$、C—O摇摆振动及环呼吸振动），778/781cm^{-1}（环呼吸振动及C—C＝C弯曲振动），636/650cm^{-1}（环变形振动），549/551cm^{-1}（环呼吸振动及C—O—C弯曲振动）。

（2）姜黄素（curcumin）的特征峰，以姜黄素/油细胞为序对其进行归属：1625/1631cm^{-1}、1319/1315cm^{-1}（环的C＝C伸缩振动）；1599/1607cm^{-1}（C＝O及C＝C伸缩振动）；1493/1512cm^{-1}（CH$_3$摇摆振动）；1453/1447cm^{-1}、862/861cm^{-1}（C—H摇摆振动）；1428/1431cm^{-1}、1266/1263cm^{-1}（C—O伸缩振动及C—H摇摆振动）；1248/1246cm^{-1}、1182/1184cm^{-1}、1150/1156cm^{-1}（C—H及O—H摇摆振动）；959/956cm^{-1}（C—O伸缩振动、C—C＝C弯曲振动及C—H摇摆振动）；569/566cm^{-1}（环变形振动、C—H及O—H摇摆振动）。

（3）α-松油烯的特征峰，以α-松油烯/油细胞为序对其进行归属：1611/1607cm^{-1}（环的C＝C伸缩振动），1210/1213cm^{-1}、879/877cm^{-1}、753/754cm^{-1}（环变形振动）。

可见紫色姜根状茎油细胞的主要成分为甲氧基肉桂酸乙酯、姜黄素、α-松油烯。

10.10 弯管姜

Zingiber recurvatum S. Q. Tong & Y. M. Xia

弯管姜产于云南勐腊。

笔者实验室所用弯管姜为2015年8月采于西双版纳，弯管姜根状茎油细胞中出现了2种明显不同的拉曼光谱。图10.30是显微镜下的弯管姜根状茎油细胞A，图10.31是与之对应的拉曼光谱。图10.32是显微镜下的弯管姜根状茎油细胞B，图10.33是与之对应的拉曼光谱。

图10.31中出现了4-烯丙基苯甲醚的特征谱，以4-烯丙基苯甲醚/油细胞A为序对其进行归属：1640/1636cm^{-1}（C＝C伸缩振动），1610/1605cm^{-1}（C＝C伸缩振动），1179/1196cm^{-1}（C—H弯曲振动），1299/1289cm^{-1}（＝CH摇摆振动）。

图10.31中还出现了β-蒎烯的特征峰，以β-蒎烯/油细胞B为序对其进行归属：1644/1636cm^{-1}（C＝C伸缩振动），1440/1441cm^{-1}（CH$_3$/CH$_2$弯曲振动），645/637cm^{-1}（环变形振动）。

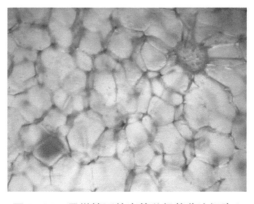

图10.30　显微镜下的弯管姜根状茎油细胞A

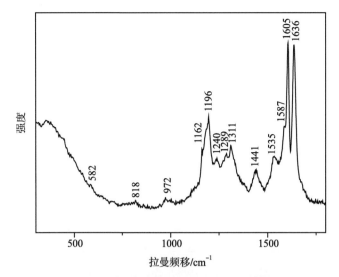

图10.31 弯管姜根状茎油细胞A的拉曼光谱

图10.32 显微镜下的弯管姜根状茎油细胞B

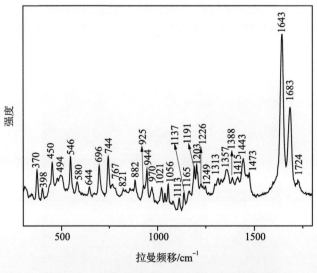

图10.33 弯管姜根状茎油细胞B的拉曼光谱

图 10.33 中出现了以下几种特征峰。

（1）香茅醛的特征拉曼光谱，以香茅醛/油细胞 B 为序对其进行归属：1725/1724cm^{-1}（C＝O 伸缩振动），1674/1683cm^{-1}（重叠，C＝C 伸缩振动），1382/1388cm^{-1}（CH$_3$ 对称弯曲振动）。

（2）4-萜烯醇的特征峰，以 4-萜烯醇/油细胞 B 为序对其进行归属：1679/1683cm^{-1}（C＝C 伸缩振动），887/882cm^{-1}、924/925cm^{-1}（C—H 及 CH$_2$ 摇摆振动），730/-cm^{-1}（环变形振动）。

（3）柠檬烯的特征峰，以柠檬烯/油细胞 B 为序，对主要的峰进行归属：1678/1683cm^{-1}（环己烯的 C＝C 伸缩振动），1645/1643cm^{-1}（乙烯基的 C＝C 伸缩振动），1435/1443cm^{-1}（CH$_3$/CH$_2$ 弯曲振动），760/767cm^{-1}（环变形振动）。

（4）β-蒎烯的特征峰，以 β-蒎烯/油细胞 B 为序对其进行归属：1644/1643cm^{-1}（C＝C 伸缩振动），1440/1443cm^{-1}（CH$_3$/CH$_2$ 弯曲振动），645/644cm^{-1}（环变形振动）。

（5）较强的谱峰 744cm^{-1} 为百里香酚的环振动。

（6）β-榄香烯的特征峰，以 β-榄香烯/油细胞为序对其进行归属：1642/1643cm^{-1}（C＝C 伸缩振动），1413/1415cm^{-1}（H—C—H＋C—C—H 变角振动），1003/1008cm^{-1}、886/882cm^{-1}（烯键上氢原子面外弯曲振动）。

可见，弯管姜根状茎油细胞的主要成分为 4-烯丙基苯甲醚、香茅醛、4-萜烯醇、柠檬烯、β-蒎烯、百里香酚、β-榄香烯。

10.11 阳荷

Zingiber striolatum Diels

阳荷产于江西、湖北、湖南、广西、广东、四川、贵州、云南。其根状茎药用可治疗痢疾、泄泻。

笔者实验室所用阳荷为 2019 年 7 月采于云南省文山州马关县（家种）。图 10.34 是显微镜下的阳荷根状茎油细胞，图 10.35 是与之对应的油细胞拉曼光谱。

图 10.34　显微镜下的阳荷根状茎油细胞

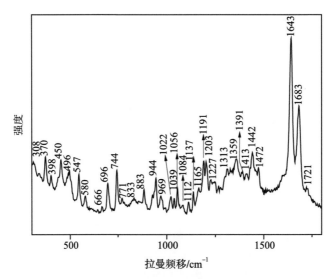

图 10.35　阳荷根状茎油细胞的拉曼光谱

图 10.35 中出现了以下几种特征峰。

（1）香茅醛的特征拉曼光谱，以香茅醛/油细胞为序对其进行归属：1725/1721cm^{-1}（C＝O 伸缩振动），1674/1683cm^{-1}（C＝C 伸缩振动），1382/1391cm^{-1}（CH$_3$ 对称弯曲振动）。

（2）较强的谱峰（744cm^{-1}）为百里香酚的环振动。

（3）芳樟醇的特征峰，以芳樟醇/油细胞为序对其进行归属：1676/1683cm^{-1}（重叠，C＝C 伸缩振动），1644/1643cm^{-1}（C＝C 伸缩振动），1454/1457cm^{-1}（CH$_3$/CH$_2$ 弯曲振动），1383/1391cm^{-1}（CH$_3$ 弯曲振动），1294/1313cm^{-1}（＝CH 摇摆振动），805/805cm^{-1}（与—OH 相关的振动）。

（4）柠檬烯的特征峰，以柠檬烯/油细胞为序，对主要的峰进行归属：1678/1683cm^{-1}（环己烯的 C＝C 伸缩振动），1645/1643cm^{-1}（乙烯基的 C＝C 伸缩振动），1435/1442cm^{-1}（CH$_3$/CH$_2$ 弯曲振动），760/771cm^{-1}（环变形振动）。

（5）α-松油醇的特征峰，以 α-松油醇/油细胞为序对其进行归属：1678/1683cm^{-1}（C＝C 伸缩振动），1141/1137cm^{-1}（C＝C 伸缩振动），757/744cm^{-1}（C＝C 伸缩振动）。

（6）β-榄香烯的特征峰，以 β-榄香烯/油细胞为序对其进行归属：1642/1643cm^{-1}（C＝C 伸缩振动），1413/1413cm^{-1}（H—C—H＋C—C—H 变角振动），1003/994cm^{-1}、886/883cm^{-1}（烯键上氢原子面外弯曲振动）。

可见，阳荷根状茎油细胞的主要成分为香茅醛、百里香酚、芳樟醇、柠檬烯、α-松油醇、β-榄香烯。

蔡依等研究了湖北恩施阳荷挥发油，其中 β-榄香烯、芳樟醇占总挥发物的 1.22%、2.055%。而王军民对云南西畴县阳荷花挥发油的研究表明，其中柠檬烯、β-榄香烯、芳樟醇分别占总挥发物的 26.695%、0.412%、0.435%。

10.12　柱根姜

Zingiber teres

柱根姜产于云南孟连、澜沧。

笔者实验室所用柱根姜为2015年8月采于西双版纳，图10.36是显微镜下的柱根姜根状茎油细胞，图10.37是与之对应的拉曼光谱。

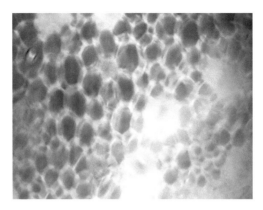

图 10.36　显微镜下的柱根姜根状茎油细胞

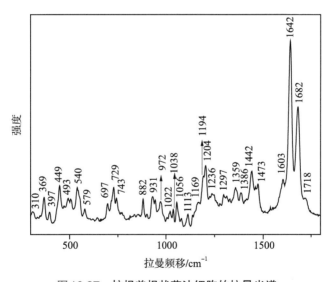

图 10.37　柱根姜根状茎油细胞的拉曼光谱

图10.37中出现了以下几种特征峰。

（1）香茅醛的特征峰，以香茅醛/油细胞为序对其进行归属：1725/1718cm^{-1}（C=O伸缩振动），1674/1682cm^{-1}（重叠，C=C伸缩振动），1382/1386cm^{-1}（CH$_3$对称弯曲振动）。

（2）4-萜烯醇的特征峰，以4-萜烯醇/油细胞为序对其进行归属：1679/1682cm^{-1}（C=C伸缩振动），887/882cm^{-1}、924/931cm^{-1}（C—H及CH$_2$摇摆振动），730/729cm^{-1}（环变形振动）。

（3）柠檬烯的特征峰，以柠檬烯/油细胞为序，对主要的峰进行归属：1678/1682cm^{-1}

（环己烯的C＝C伸缩振动），1645/1642cm⁻¹（乙烯基的C＝C伸缩振动），1435/1442cm⁻¹（CH₃/CH₂弯曲振动），760/766cm⁻¹（环变形振动）。

（4）β-蒎烯的特征峰，以β-蒎烯/油细胞为序对其进行归属：1644/1642cm⁻¹（C＝C伸缩振动），1440/1442cm⁻¹（CH₃/CH₂弯曲振动），645/643cm⁻¹（环变形振动）。

（5）对伞花烃的特征峰，以对伞花烃/油细胞为序对其进行归属：1613/1603cm⁻¹（C＝C伸缩振动），1442/1442cm⁻¹（CH₃对称弯曲振动），1378/1386cm⁻¹（CH₃反对称弯曲振动），1208/1204cm⁻¹、1185/1194cm⁻¹（C—C伸缩振动），817/813cm⁻¹（环呼吸振动）。

（6）中等强度的谱峰（743cm⁻¹）为百里香酚的环振动。

（7）β-榄香烯的特征峰，以β-榄香烯/油细胞为序对其进行归属：1642/1642cm⁻¹（C＝C伸缩振动），1413/1416cm⁻¹（H—C—H＋C—C—H变角振动），1003/1006cm⁻¹、886/882cm⁻¹（烯键上氢原子面外弯曲振动）。

可见柱根姜根状茎油细胞的主要成分为香茅醛、4-萜烯醇、柠檬烯、β-蒎烯、对伞花烃、百里香酚、β-榄香烯。

10.13 红球姜

Zingiber zerumbet（L.）Roscose ex Smith

红球姜产于我国广东、广西、海南、云南和台湾，南亚、东南亚常见。其根状茎药用有祛痰、消肿、解毒、止痛的功效。药理实验表明其有抗肿瘤作用。

笔者实验室所用红球姜为2015年8月采于西双版纳，图10.38是显微镜下的红球姜根状茎油细胞。图10.39是与之对应的拉曼光谱。

图10.40是红球姜油细胞与球姜酮标样（zerumbone，CAS号：471-05-6）的拉曼光谱的对比图，从图中可见，两者极为相似。

现根据附录2，对其谱峰进行归属，以球姜酮/油细胞为序对其进行归属：1650/1652cm⁻¹、1641/1633cm⁻¹、1624/1633cm⁻¹（C＝C伸缩振动），1457/1444cm⁻¹、1439/1444cm⁻¹（CH₃，CH₂剪切振动），1386/1382cm⁻¹、1064/1065cm⁻¹（CH₃摇摆振动），1357/1360cm⁻¹、1338/1331cm⁻¹、1323/1326cm⁻¹、888/888cm⁻¹、742/743cm⁻¹、696/700cm⁻¹、331/329cm⁻¹（C—H摇摆振动），1303/1310cm⁻¹、1264/1266cm⁻¹、1183/1183cm⁻¹、1166/1170cm⁻¹、

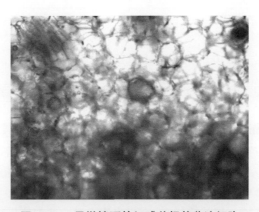
图10.38　显微镜下的红球姜根状茎油细胞

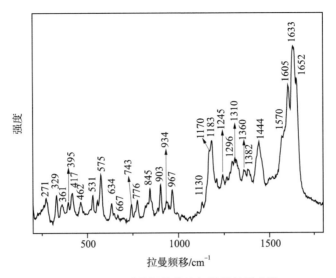

图 10.39　红球姜根状茎油细胞的拉曼光谱

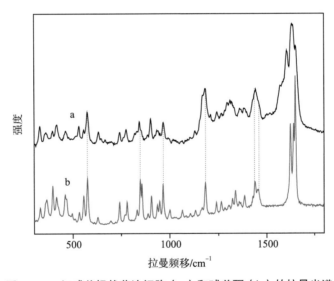

图 10.40　红球姜根状茎油细胞（a）和球姜酮（b）的拉曼光谱

1132/1130cm^{-1}、780/776cm^{-1}、364/361cm^{-1}（CH$_2$摇摆振动），1106/1105cm^{-1}（CH$_3$，CH$_2$摇摆振动），1064/1065cm^{-1}、948/950cm^{-1}（CH$_3$摇摆振动），1001/998cm^{-1}、966/967cm^{-1}（CH$_3$，C—H摇摆振动），936/934cm^{-1}、906/903cm^{-1}、856/863cm^{-1}、849/845cm^{-1}、832/833cm^{-1}、415/417cm^{-1}（CH$_2$，C—H摇摆振动），630/634cm^{-1}（C＝O摇摆振动），556/556cm^{-1}（C—C—C剪切振动），532/531cm^{-1}（C＝C—C剪切振动），496/491cm^{-1}（环变形振动），460/462cm^{-1}（C＝C摇摆振动），396/395cm^{-1}（环呼吸振动）。

图10.39中出现了α-蒎烯的特征峰，以α-蒎烯/油细胞为序对其进行归属：1659/1652cm^{-1}（重叠，C＝C伸缩振动），666/667cm^{-1}（环变形振动）。

图10.39中还出现了α-松油烯的特征峰，以α-松油烯/油细胞为序对其进行归属：1611/1605cm^{-1}（环的C＝C伸缩振动），1210/1210cm^{-1}、879/876cm^{-1}、753/743cm^{-1}（环

变形振动)。

可见，红球姜根状茎油细胞的主要成分为球姜酮、α-蒎烯、α-松油烯。

为考察不同年份采集样品的拉曼光谱是否相同，图10.41中的a谱线和b谱线分别给出了2015年8月、2017年7月采于西双版纳的红球姜油细胞拉曼光谱的对比图，从图10.41中可见，不同年份采集的红球姜的拉曼光谱的峰形、峰位基本一致，说明其油细胞中的主成分不受采集年份的影响。

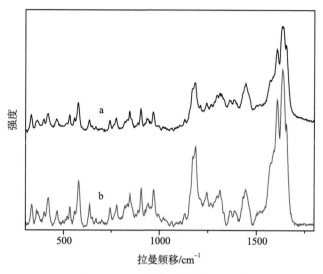

图10.41　红球姜油细胞拉曼光谱

a.采集于2015年8月；b.采集于2017年8月

10.14　结语

本章对姜属植物多毛姜、黄斑姜、古林姜、勐海姜、蘘荷（野生）、蘘荷（家种）、截形姜、姜、圆瓣姜、紫色姜、弯管姜、阳荷、柱根姜、红球姜等植物的油细胞进行了拉曼光谱研究，获得了各种植物油细胞的主成分，为便于比较，将其列于表10.1中。

从表中可见，多毛姜和古林姜的共有成分最多，有7种，分别是芳樟醇、β-蒎烯、柠檬烯、百里香酚、香芹酮、α-松油醇、β-榄香烯；弯管姜与柱根姜的共有成分有6种，分别是β-蒎烯、柠檬烯、香茅醛、百里香酚、4-萜烯醇、β-榄香烯；多毛姜与勐海姜的共有成分有5种，分别是芳樟醇、香茅醛、百里香酚、香芹酮、β-榄香烯；弯管姜与圆瓣姜的共有成分有5种，分别是β-蒎烯、柠檬烯、香茅醛、4-萜烯醇、β-榄香烯；古林姜与阳荷的共有成分有5种，分别是芳樟醇、柠檬烯、百里香酚、α-松油醇、β-榄香烯；姜与截形姜有2种共有成分，分别是β-石竹烯、姜烯；蘘荷野生和栽培根状茎在主成分上略有差别，其共有成分为柠檬烯、香茅醛、β-榄香烯，此外野生根状茎的成分有β-蒎烯，而栽培根状茎的成分有1,8-桉油精，蘘荷野生和栽培花柄的主成分完全一致，均为β-蒎烯、柠檬烯、香茅醛、4-萜烯醇、β-榄香烯。阳荷、蘘荷的主成分不相同，只有3种共有成分，分别为柠檬烯、香茅醛、β-榄香烯，说明它们是不同的种。

表 10.1　姜属植物油细胞主要成分

	对伞花烃	芳樟醇	β-派烯	α-派烯	1,8-桉油精	柠檬烯	香茅醛	百里香酚	香芹酮	α-松油醇	β-榄香烯	4-萜烯醇	β-石竹烯	β-月桂烯	4-烯丙基苯甲醚	姜烯	番茄红素	甲氧基肉桂酸乙酯	姜黄素	α-松油烯	球姜酮
多毛姜根状茎	Y	Y	Y	Y		Y	Y	Y	Y	Y	Y										
黄斑姜根状茎			Y			Y	Y				Y	Y									
古林姜根状茎		Y	Y			Y		Y	Y	Y	Y	Y									
勐海姜根状茎		Y					Y	Y	Y		Y										
蘘荷野生			Y			Y	Y				Y	Y									
蘘荷（家种根状茎）					Y	Y	Y				Y	Y					Y				
蘘荷（家种花柄）																					
截形姜			Y			Y	Y					Y	Y	Y	Y	Y	Y				
姜	Y										Y		Y	Y		Y					
圆瓣姜	Y		Y			Y	Y				Y	Y									
紫色姜																		Y	Y		
弯管姜			Y			Y	Y	Y			Y	Y			Y					Y	
阳荷		Y				Y	Y	Y		Y	Y										
柱根姜	Y		Y			Y	Y	Y			Y	Y									
红球姜				Y																Y	Y

紫色姜、红球姜与其他姜无共有成分，但两者有α-松油烯为共有成分。

图10.42为姜属植物油细胞主要成分的分子结构。

对伞花烃　　芳樟醇　　β-蒎烯　　α-蒎烯

1,8-桉油精　　柠檬烯　　香茅醛　　百里香酚

香芹酮　　α-松油醇　　β-榄香烯　　4-萜烯醇

β-石竹烯　　β-月桂烯　　4-烯丙基苯甲醚　　姜烯

番茄红素　　甲氧基肉桂酸乙酯

姜黄素　　α-松油烯　　球姜酮

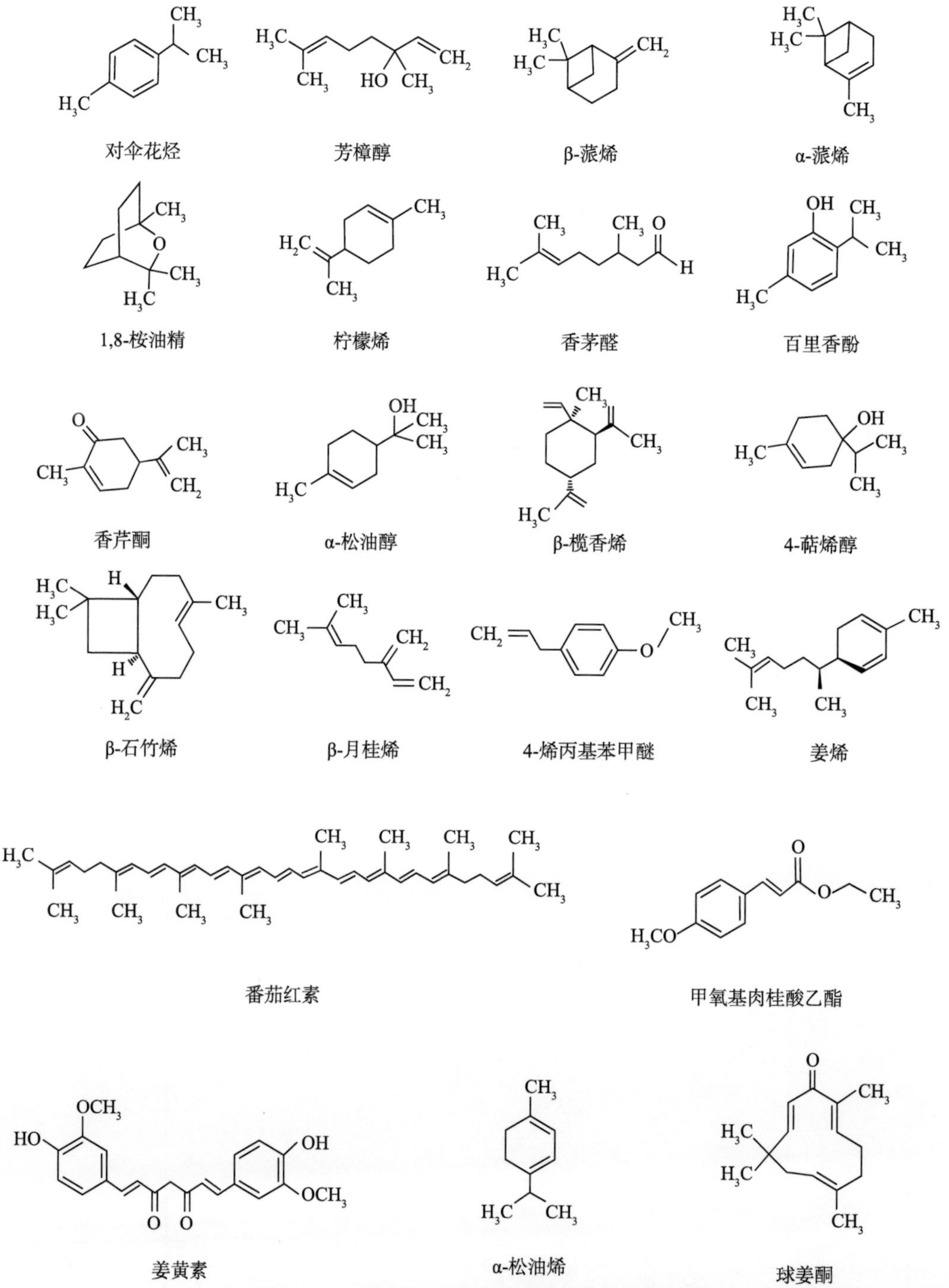

图10.42　姜属植物油细胞主要成分的分子结构

对伞花烃有防、杀昆虫和杀真菌作用，有明显祛痰作用；芳樟醇具有抗细菌、抗真

菌、抗病毒和镇静作用。β-蒎烯具有抗炎、祛痰和抗真菌作用。α-蒎烯具有镇咳、祛痛、抗真菌作用。1,8-桉油精具有解热、抗炎、抗菌、平喘和镇痛作用。柠檬烯具有镇咳、祛痰、抗真菌作用。香茅醛具有抗真菌及抑制金黄色葡萄球菌、伤寒杆菌的作用。百里香酚可抑制白念珠菌、皮肤癣菌（如须毛癣菌、奥杜盎小孢子癣菌）的生长，有体外抗组胺作用，以及抗炎作用。香芹酮具有镇咳平喘作用，以及抗真菌作用。α-松油醇具有平喘作用，制成气雾剂可用于空气消毒、杀菌。β-榄香烯是榄香烯乳注射液的主成分，β-榄香烯作为抗癌的有效成分，其抗癌机制主要为降低肿瘤细胞的有丝分裂能力、诱发肿瘤细胞凋亡、抑制肿瘤细胞生长等。4-萜烯醇具有显著的平喘作用，对苏云金杆菌有体外抑菌作用。最新研究表明，β-石竹烯具有抗心肌梗死、保护心脏的作用。β-月桂烯具有祛痰、镇咳作用。4-烯丙基苯甲醚有升白细胞、抗菌、解痉、镇静等作用，对肿瘤患者化疗和放疗所致的白细胞减少症有疗效。姜烯具有体内外抑制人类直肠癌细胞生长的作用。番茄红素具有增强免疫力及调节胆固醇合成的作用，可预防动脉粥样硬化、心血管疾病、癌症等疾病。甲氧基肉桂酸乙酯有广谱抗真菌作用，对深红色发癣菌、酿酒酵母及黑曲霉菌有高度活性。姜黄素具有抗菌利胆作用，最新的研究表明其具有抗肿瘤作用，以及抗脏器纤维化的潜能，用于治疗早中期骨关节疾病、心血管疾病、肝脏疾病、胃相关疾病等。α-松油烯具有抗氧化及抗菌活性。球姜酮可作为治疗紫外线诱导的过早皮肤纤维老化的食品补充剂用于保护皮肤，也可作为潜在的抗菌剂及抗生物膜制剂，可刺激内源性神经干细胞的增殖，保护神经损伤，改善认知功能；此外，通过调节Notch信号通路，球姜酮可以促进神经干细胞的增殖。

参考文献

蔡依，徐津林，郭百臻，等，2018. 阳荷挥发油提取工艺优化及GC-MS分析. 食品研究与开发，39（23）：49-53.

陈奋，杨月，张玲，等，2019. 姜黄素纳米制剂在肿瘤治疗中的研究进展. 中国现代应用药学，36（21）：2731-2737.

丁立，林修良，马丽，等，2019. 姜黄素及其类似物应用于肝脏疾病的研究进展. 广东化工，46（19）：244-245，247.

范沐霞，赵塔娜，王丽敏，等，2019. 姜黄素抗纤维化研究进展. 中医学报，34（11）：2343-2348.

符婷，张剑峰，马荣炜，2019. 姜黄素治疗胃相关疾病的研究进展. 武警医学，30（9）：816-818.

胡皆汉，叶金星，程国宝，等，2001. β-榄香烯振动光谱的量子化学从头计算. 光谱学与光谱分析，（2）：163-168.

江纪武，肖庆祥，1986. 植物药有效成分手册. 北京：人民卫生出版社，181-1061.

李祖强，罗蕾，马国义，等，1997. 姜科植物化学成分的色谱/质谱研究. 光谱实验室，（4）：1-5.

吕俊刚，翟莉，王松涛，等，2019. 姜黄素在心血管疾病治疗中的研究进展. 中国医药，14（11）：1742-1746.

麻杰，陈娟，赵冰洁，等，2018. 抗癌药物β-榄香烯及其衍生物的研究进展. 中草药，49（5）：1184-1191.

彭霞，黄敏，2007. 傣药紫色姜挥发油的化学成分分析. 云南中医中药杂志，28（9）：35-65.

司民真，李伦，张川云，等，2017. 毛姜花油细胞原位拉曼光谱研究. 激光生物学报，26（4）：298-302.

司民真，李伦，张川云，等，2018. 姜黄薄壁细胞原位拉曼光谱研究. 激光生物学报，27（4）：332-337.

司民真，李伦，张川云，等，2019. 新鲜山柰、海南三七油细胞原位拉曼光谱研究. 热带作物学报，40（9）：1817-1822.

司民真，张德清，李伦，等，2018. 姜科植物长柄山姜及茴香砂仁精油原位拉曼光谱研究. 光谱与光谱分析，38（2）：448-543.

司民真，张德清，李伦，等，2016. 姜油细胞原位拉曼光谱研究. 光谱学与光谱分析，36（11）：3578-3581.

田倩，李尚秀，赵婷，等，2014. GC-MS 法分析姜属 3 种植物茎叶的挥发性成分. 云南大学学报（自然科学版），36（2）：249-259.

王军民，周凡蕊，陈川云，等，2012. GC-MS法测定阳荷花挥发油的成分. 天然产物研究与开发，24（7）：916-919.

吴德邻，刘念，叶育石，2016. 中国姜科植物资源. 武汉：华中科技大学出版社，128-143.

周霖，庹伟，安庆，等，2019. 姜黄素的生物功能在治疗骨关节炎疾病中的研究进展. 广东医学，40（19）：2831-2834.

Baranska M，Schulz H，Kruger H，et al，2005. Chemotaxonomy of aromatic plants of the genus *Origanum* via vibrational spectroscopy. Anal Bioanal Chem，381：1241-1247.

Chen H，Tang X，Liu T，et al，2019. Zingiberene inhibits in vitro and in vivo human colon cancer cell growth via autophagy induction，suppression of PI3K/AKT/mTOR pathway and caspase 2 deactivation. J BUON，24（4）：1470-1475.

de Morais Oliveira-Tintino C D，Tintino S R，Limaverde P W，et al，2018. Inhibition of the essential oil from *Chenopodium ambrosioides* L. and α-terpinene on the NorA efflux-pump of *Staphylococcus aureus*. Food Chem，262：72-77.

Fuhrman B E A，Aviram M，1997. Hypocholesterolemic effect of lycopene and β-carotene is related to suppression of cholesterol sythess and augmentation of LDL receptor activity in macrophages. Biochem Biophy Res Commun，233：658-662.

Giovannucci E，Rimm E B，Liu Y，et al，2002. A prospective study of tomato products，lycopene，and prostate cancer risk. J Natl Cancer Inst，94（5）：391-398.

Hanif M A，Nawaz H，Naz S，et al，2017. Raman spectroscopy for the characterization of different fractions of hemp essential oil extracted at 130℃ using steam distillation method. Spectrochim Acta A Mol Biomol Spectrosc，182：168-174.

Hseu Y C，Chang C T，Gowrisankar Y V，et al，2019. Zerumbone exhibits antiphotoaging and dermatoprotective properties in ultraviolet a-irradiated human skin fibroblast cells via the activation of Nrf2/ARE defensive pathway. Oxid Med Cell Longev，2019：4098674.

Jentzsch P V，Ramos L A，Ciobotă V，2015. Handheld Raman spectroscopy for the distinction of essential oils used in the cosmetics industry. Cosmetics，2：162-176.

Limaverde P W，Campina F F，da Cunha F A B，et al，2017. Inhibition of the TetK efflux-pump by the essential oil of *Chenopodium ambrosioides* L. and α-terpinene against *Staphylococcus aureus* IS-58. Food Chem Toxicol，109（Pt 2）：957-961.

Quiroga P R，Nepote V，Baumgartner M T，2019. Contribution of organic acids to α-terpinene antioxidant activity. Food Chem，277：267-272.

Schulz H，Baranska M，2007. Identification and quantification of valuable plant substances by IR and Raman spectroscopy. Vibrational Spectroscopy，43：13-25.

Shin D S, Eom Y B, 2019. Efficacy of zerumbone against dual-species biofilms of Candida albicans and *Staphylococcus aureus*. Microb Pathog, 137: 103768.

Siatis N G, Kimbaris A C, Pappas C S, et al, 2005. Rapid method for simultaneous quantitative determination of four major essential oil components from oregano (*Oreganum* sp.) and thyme (*Thymus* sp.) using FT-Raman spectroscopy. J Agric Food Chem, 53 (2): 202-206.

Sun L, Li M, Sun X, et al, 2019. Zerumbone promotes proliferation of endogenous neural stem cells in vascular dementia by regulating Notch signalling. Folia Neuropathol, 57 (3): 277-284.

Watzl B, Bub A, Briviba K G, 2003. Supplementation of a low-carotenoid diet with tomato or carrot juice modulates immune functions in healthy men. Ann Nutr Metab, 47 (6): 255-261.

Younis N S, Mohamed M E, 2019. β-caryophyllene as a potential protective agent against myocardial injury: the role of toll-like receptors. Molecules, 24 (10): 1929.

第11章

未知样品油细胞的
检测及鉴定

笔者实验室进行了多次野外样品采集，采集到了大量的不能通过形态学来鉴定的未知样品，在本章中，以前10章中已知样品的油细胞拉曼光谱为基础，以300～1800cm^{-1}为检索范围，建立了姜科植物油细胞拉曼光谱库。本章试图将未知样品的拉曼光谱与库中的拉曼光谱进行比较，通过分析得出未知样品种类。

11.1 样品1

样品1为2019年10月采于云南省楚雄州双柏县，图11.1是样品1植株的照片，图11.2是该样品根状茎在显微镜下的油细胞，图11.3中的a谱线是在对应油细胞上获得的拉曼光谱。

对样品1进行检索，发现其与采于马关县野生蘘荷的匹配度为94.17%。图11.3中给出两者的拉曼光谱。综合各方面考虑，确定样品1为野生蘘荷。

图11.1　样品1植株

图11.2　显微镜下的样品1油细胞

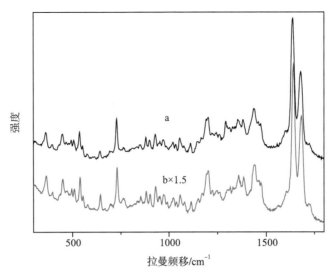

图11.3 样品1的植物根状茎油细胞与马关县野生蘘荷的拉曼光谱

a.样品1；b.马关县野生蘘荷。×1.5，表示强度增大1.5倍

11.2 样品2

样品2为2019年10月采于云南省楚雄州双柏县，图11.4是样品2的植株照片，图11.5是显微镜下的样品2根状茎油细胞，图11.6中的a谱线是其对应的拉曼光谱。

对样品2进行检索，发现其与普洱姜花的匹配度为97.22%。图11.6中给出两者的拉曼光谱。综合各方面考虑，确定样品2为普洱姜花。

图11.4 样品2植株

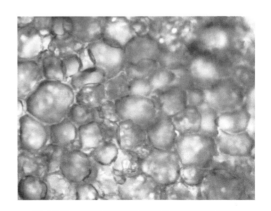

图11.5 显微镜下的样品2根状茎油细胞

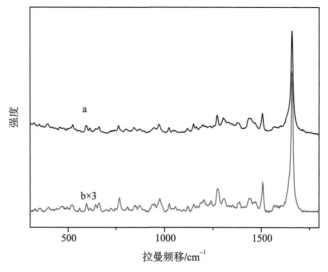

图 11.6　样品 2 的植物根状茎油细胞与普洱姜花的拉曼光谱
a.样品 2；b.普洱姜花。×3，表示强度增大 3 倍

11.3　样品 3

样品 3 为 2019 年 8 月采于昆明西山，图 11.7 是样品 3 的植株照片，图 11.8 是显微镜下的样品 3 根状茎油细胞，图 11.9 中的 a 谱线是与之对应的拉曼光谱。

对样品 3 进行检索，发现其与昆明市晋宁区采集的滇姜花匹配度为 94.82%。图 11.9 给出了两者的拉曼光谱。综合各方面考虑，确定样品 3 为滇姜花。

图 11.7　样品 3 的植株

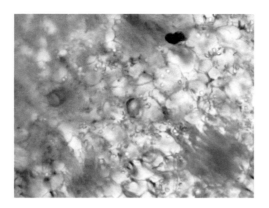

图11.8　显微镜下的样品3根状茎油细胞

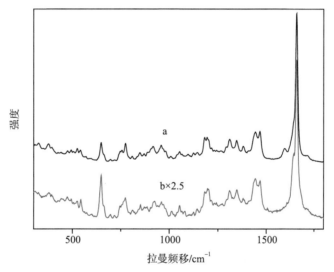

图11.9　样品3的植物根状茎油细胞与晋宁滇姜花的拉曼光谱
a.样品3；b.晋宁滇姜花。×2.5，表示强度增大2.5倍

11.4　样品4

样品4为2019年8月采于楚雄师范学院新校区苗圃，图11.10是样品4的植株照片，图11.11是显微镜下的样品4根状茎油细胞，图11.12中的a谱线是与之对应的拉曼光谱。

对样品4进行检索，发现其与花叶艳山姜的匹配度为99.16%，与艳山姜的匹配度为98.85%。花叶艳山姜是栽培品种，是由艳山姜的枝条芽变产生的，其绿叶上有黄色带状斑纹，因样品4植株的绿叶上无黄色带状斑纹，故认为该样品应为艳山姜，图11.12给出了两者的拉曼光谱。

图11.10 样品4的植株

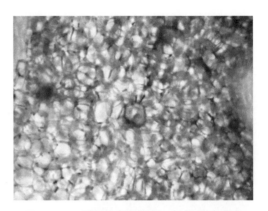

图11.11 显微镜下的样品4根状茎油细胞

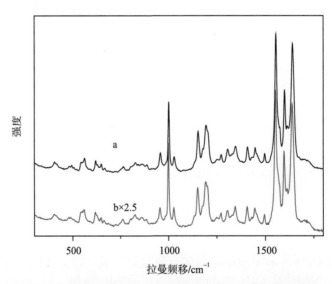

图11.12 样品4的植物根状茎油细胞与艳山姜的拉曼光谱

a.样品4；b.艳山姜。×2.5，表示强度增大2.5倍

11.5 样品5

样品5为2019年8月采于云南省德宏州芒市，图11.13是样品5的植株照片，图11.14是显微镜下的样品5根状茎油细胞，图11.15中的a谱线是与之对应的拉曼光谱。

对样品5进行检索，发现其与白姜花的匹配度为91.74%，综合各方面考虑，该样品应为白姜花。图11.15给出了两者的拉曼光谱。

图11.13 样品5的植株

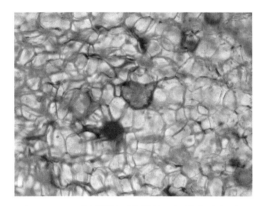

图11.14 显微镜下的样品5根状茎油细胞

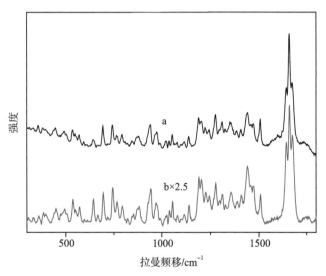

图11.15 样品5的植物根状茎油细胞与白姜花的拉曼光谱
a.样品5；b.西双版纳白姜花。×2.5，表示强度增大2.5倍

11.6 样品6

样品6为2019年8月采于云南省德宏州芒市，图11.16是样品6的植株照片，图11.17是显微镜下的样品6根状茎油细胞，图11.18中的a谱线是与之对应的拉曼光谱。

对样品6进行检索，发现其与圆瓣姜花的匹配度为89.89%，综合各方面考虑，该样品应为圆瓣姜花。图11.18给出了两者的拉曼光谱。

图11.16 样品6的植株

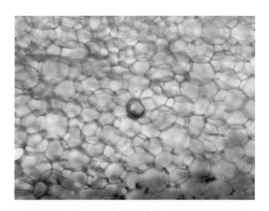

图11.17 显微镜下的样品6根状茎油细胞

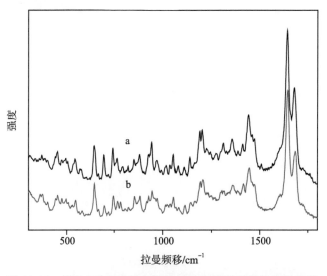

图11.18 样品6的植物根状茎油细胞与圆瓣姜花的拉曼光谱
a.样品6；b.圆瓣姜花

11.7 样品7

样品7为2019年7月采于云南省文山州马关县，图11.19是样品7的植株照片，图11.20是显微镜下的样品7根状茎油细胞，图11.21中的a谱线是与之对应的拉曼光谱。

对样品7进行检索，发现其与紫红砂仁的匹配度为97.16%，综合各方面考虑，该样品应为紫红砂仁，图11.21给出了两者的拉曼光谱。

图11.19 样品7的植株

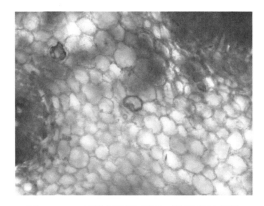

图11.20 显微镜下的样品7根状茎油细胞

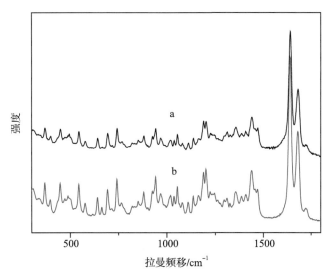

图11.21 样品7的植物根状茎油细胞与紫红砂仁的拉曼光谱

a.样品7；b.紫红砂仁

11.8 样品8

样品8为2019年7月采于云南省文山州马关县，图11.22是样品8的植株照片，图11.23是显微镜下的样品8根状茎油细胞，图11.24中的a谱线是与之对应的拉曼光谱。

对样品8进行检索，发现其与红球姜的匹配度为95.68%，综合各方面考虑，该样品应为红球姜，图11.24给出了两者的拉曼光谱。

图11.22　样品8的植株

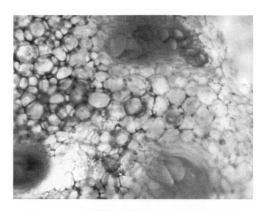

图11.23　显微镜下的样品8根状茎油细胞

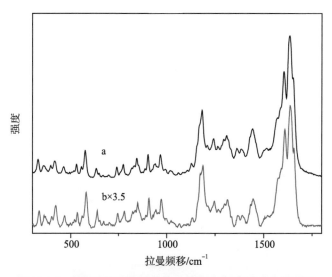

图11.24　样品8的植物根状茎油细胞与红球姜的拉曼光谱

a.样品8；b.红球姜。×3.5，表示强度增大3.5倍

11.9　样品9

样品9为2019年7月采于云南省文山州砚山县，图11.25是样品9的植株照片，图11.26是显微镜下的样品9根状茎油细胞，图11.27中的a谱线是与之对应的拉曼光谱。

对样品9进行检索，发现其与圆瓣姜的匹配度为96.03%，综合各方面考虑，该样品应为圆瓣姜，图11.27给出了两者的拉曼光谱。

图 11.25 样品 9 的植株

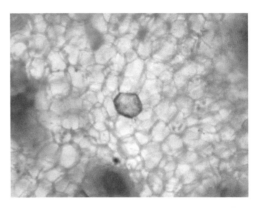

图 11.26 显微镜下的样品 9 根状茎油细胞

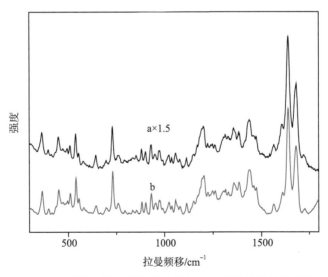

图 11.27 样品 9 的植物根状茎油细胞与圆瓣姜的拉曼光谱

a. 样品 9；b. 圆瓣姜。×1.5，表示强度增大 1.5 倍

11.10 结语

本章通过建立的姜科植物油细胞拉曼光谱库对 9 个未知样品进行检索，匹配度都在 90% 以上，为便于比较，将未知样品与已知样品的采集地及匹配度列于表 11.1 中。

表11.1　不同采集地样品与图库匹配度对比

样品号（采集地）	图库中的植物（采集地）	匹配度
1（云南省楚雄市双柏县）	野生襄荷（云南省文山州马关县）	94.17%
2（云南省楚雄市双柏县）	普洱姜花（云南省西双版纳）	97.22%
3（云南省昆明市西山）	滇姜花（云南省昆明市晋宁区）	94.82%
4（云南省楚雄师范学院新校区苗圃）	艳山姜（云南省楚雄城市花园）	98.85%
	花叶艳山姜（云南省西双版纳）	99.16%
5（云南省德宏州芒市）	白姜花（云南省西双版纳）	91.74%
6（云南省德宏州芒市）	圆瓣姜花（云南省西双版纳）	89.89%
7（云南省文山州马关县）	紫红砂仁（云南省西双版纳）	97.16%
8（云南省文山州马关县）	红球姜（云南省西双版纳）	95.68%
9（云南省文山州砚山县）	圆瓣姜（云南省西双版纳）	96.03%

　　从表11.1可见，除滇姜花样品采集地与图库的样品采集地、生境相似外，其余样品的生境都相差较大，但样品油细胞中的成分却有一定的稳定性，这也是油细胞拉曼光谱进行植物鉴定的基础。是否所有样品都如此，还需要做深入的研究。

附　录

本书相关物质的拉曼光谱计算

附录1　γ-松油烯的拉曼光谱计算

为了对γ-松油烯的拉曼光谱进行归属，理论计算采用Gaussian 03软件，运用RB3LYP方法（交换函数为Becke3，相关函数为LYP）在6—311G 基组水平上，对γ-松油烯几何结构进行优化，在优化的基础上计算了振动频率。

附图1给出了γ-松油烯优化的结构式及分子结构。

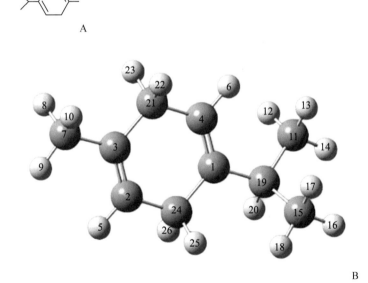

附图1　γ-松油烯优化的结构式（A）及分子结构（B）

附图2是γ-松油烯的实验拉曼光谱和计算拉曼光谱，比较可发现两者峰形非常相似，峰位略有差异，根据峰的相对强度对γ-松油烯拉曼光谱进行初步归属，同时对益智仁油细胞A的拉曼光谱也进行归属，具体见附表1。

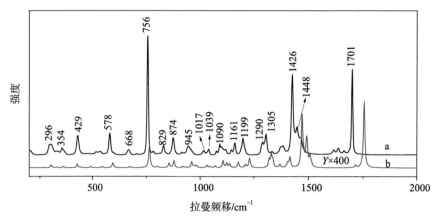

附图2 γ-松油烯的实验拉曼光谱（a）和计算拉曼光谱（b）

附表1 γ-松油烯及益智仁油细胞A的拉曼光谱初步归属

γ-松油烯			益智仁油细胞A	归属
计算（cm^{-1}）	活性（A^4/AMU）	实验（cm^{-1}）		
302	1.9596	296	293	骨架振动
359	0.9832	354	350	骨架振动
426	2.7537	429	429	CH$_3$—C—CH$_3$ 弯曲振动
542	0.9515	534	530	γ（C—H）
592	3.8729	578	577	环的变形振动
			618	
			637	
672	0.9686	668	665	γ（C—H）
763	18.1527	756	754	环的呼吸振动
799	1.0194	782	790	γ（C—H）
854	3.8727	829	827	γ（C—H）
			852	
878	5.9473	875	873	ν（C—C）和γ（C—H）
920	0.9703	916	916	ν（C—C）和γ（C—H）
960	4.8996	945	951	γ（C—H）
			960	
			1001	
1030	2.0562	1017		γ（C—H）和环 ν（C—C）
1044	1.0394	1039	1033	γ（C—H）
1067	1.4854	1075	1074	γ（7CH$_2$和21CH$_2$）
1104	6.0211	1090	1088	γ（C—H）

续表

γ-松油烯			益智仁油细胞A	归属
计算（cm⁻¹）	活性（A⁴/AMU）	实验（cm⁻¹）		
1122	3.9407	1118	1115	γ（C—H）
1177	4.9362	1161	1160	ν（3C—7C）和γ（C—H）
1229	7.4328	1199	1199	γ（CH₂）
			1242	
1319	7.0157	1290	1295	γ（C—H）
1328	11.4308	1305	1304	γ（C—H）
1336	6.5196	1332	1326	γ（C—H）
1415	8.1158	1383	1380	δ（CH₃）
1470	49.0029	1426	1425	δ（CH₂）
1489	15.3600	1448	1448	δ（CH₂）
			1608	
1715	2.1914	1617		ν（C=C）
			1639	
			1665	
1755	67.4824	1701	1700	ν（C=C）

注：ν，伸缩振动；γ，摇摆振动；δ，剪切振动。

1701cm⁻¹（C=C伸缩振动），1448cm⁻¹、1426cm⁻¹（CH₂剪切振动），1160cm⁻¹（C—C伸缩振动及C—H摇摆振动），756cm⁻¹（环呼吸振动）为γ-松油烯的特征峰。

附录2 球姜酮的拉曼光谱计算

为了对球姜酮的拉曼光谱进行归属，理论计算采用Gaussian 03软件，运用RB3LYP方法（交换函数为Becke3，相关函数为LYP）在6—311G基组水平上，对球姜酮的几何结构进行优化，在优化的基础上计算了振动频率，振动频率乘以校准因子0.9602。

附图3给出了球姜酮的结构式及分子结构。

附图4是球姜酮的实验拉曼光谱和计算拉曼光谱，比较可发现两者峰形非常相似，峰位略有差异，根据峰的相对强度对球姜酮拉曼光谱进行初步归属，同时对红球姜油细胞的拉曼光谱也进行归属，具体见附表2。

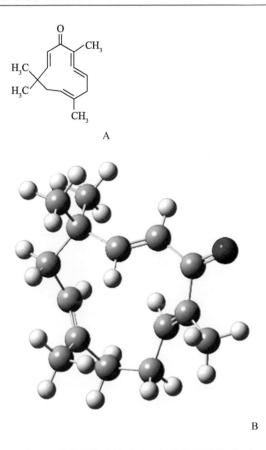

A

附图3 球姜酮的结构式（A）及分子结构（B）

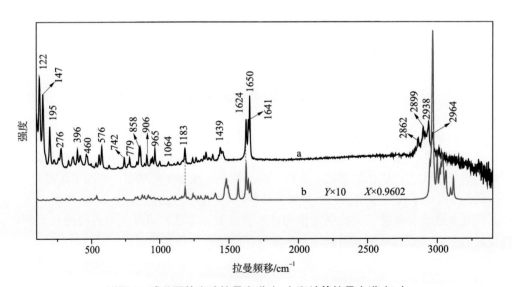

附图4 球姜酮的实验拉曼光谱（a）和计算拉曼光谱（b）

附表2　球姜酮及红球姜油细胞的拉曼光谱初步归属

球姜酮			红球姜油细胞	归属
计算（cm^{-1}）	活性（A^4/AMU）	实验（cm^{-1}）		
348	3.1291	331	330	γ（C—H）
355	1.7015	364	360	γ（CH$_2$）
384	2.3939	396	395	环呼吸振动
410	2.7051	415	417	γ（CH$_2$，C—H）
460	2.6685	460	463	γ（C=C）
499	2.1473	496	491	环呼吸振动
522	3.6017	532	531	δ（C=C—C）
550	3.0146	556	556	δ（C—C—C）
563	9.5639	576	575	γ（CH$_2$）
618	1.9717	630	634	γ（C=O）
683	1.6866	696	700	γ（C—H）
726	2.6579	742	743	γ（C—H）
750	1.6318	780	776	γ（CH$_2$）
834	6.0081	832	833	γ（CH$_2$，C—H）
840	2.2386	849	845	γ（CH$_2$，C—H）
850	7.9972	858	863	γ（CH$_2$，C—H）
883	10.0763	888	888	γ（C—H）
898	10.1854	906	903	γ（CH$_2$，C—H）
940	6.0382	936	934	γ（CH$_2$，C—H）
957	5.3750	948	950	γ（CH$_3$）
968	5.6158	966	967	γ（CH$_3$，C—H）
1018	5.3068	1001	998	γ（CH$_3$，C—H）
1054	2.7307	1064	1065	γ（CH$_3$）
1115	8.3513	1106	1105	γ（CH$_3$，CH$_2$）
1146	4.9107	1132	1130	γ（CH$_2$）
1160	7.9579	1166	1170	γ（CH$_2$）
1183	32.5473	1183	1183	γ（CH$_2$）
1239	14.9431	1239	1242	ν（C—C）+γ（C—H，CH$_2$）
1275	9.1381	1264	1266	γ（CH$_2$）
1294	8.9935	1282	1284	γ（CH$_2$）
1300	1.9120	1303	1311	γ（CH$_2$）
1326	10.1084	1323	1326	γ（C—H）

续表

球姜酮			红球姜油细胞	归属
计算（cm^{-1}）	活性（A^4/AMU）	实验（cm^{-1}）		
1341	9.8646	1338	1331	γ（C—H）
1367	4.7620	1357	1361	γ（C—C，C—H）
1393	9.6713	1386	1382	γ（CH$_3$）
1455	10.6093	1439	1444	δ（CH$_2$）
1460	12.4427	1457	1444	δ（CH$_3$）
1605	100.8603	1624		ν（C＝C）
1621	52.4230	1641	1638	ν（C＝C）
1636	41.0560	1650	1652	ν（C＝C）

注：ν，伸缩振动；γ，摇摆振动；δ，剪切振动。